U0159478

每个生命都重要

[日] 稻垣荣洋 著　　宋 刚 译

中信出版集团 | 北京

图书在版编目（CIP）数据

每个生命都重要 /（日）稻垣荣洋著；宋刚译 . --
北京：中信出版社，2020.9（2024.9 重印）
ISBN 978-7-5217-2076-1

Ⅰ．①每… Ⅱ．①稻… ②宋… Ⅲ．①动物—少儿读
物 Ⅳ．① Q95-49

中国版本图书馆 CIP 数据核字（2020）第 137626 号

Original Japanese title: IKIMONO NO SHINIZAMA
Copyright© 2019 Hidehiro Inagaki
Original Japanese edition published by Soshisha Co., Ltd.
Simplified Chinese translation rights arranged with Soshisha Co., Ltd.
through The English Agency (Japan) Ltd. and Qiantaiyang Cultural Development (Beijing) Co., Ltd.
Simplified Chinese translation copyright © 2020 by CITIC Press Corporation
ALL RIGHTS RESERVED
本书仅限中国大陆地区发行销售

每个生命都重要

著　　者：[日] 稻垣荣洋
译　　者：宋刚
出版发行：中信出版集团股份有限公司
（北京市朝阳区东三环北路27号嘉铭中心　邮编　100020）
承 印 者：北京联兴盛业印刷股份有限公司
开　　本：880mm × 1230mm　1/32　印　张：6.5　字　数：110 千字
版　　次：2020 年 9 月第 1 版　印　次：2024 年 9 月第 18 次印刷
京权图字：01-2020-4928
书　　号：ISBN 978-7-5217-2076-1
定　　价：48.00 元

版权所有 · 侵权必究
如有印刷、装订问题，本公司负责调换。
服务热线：400-600-8099
投稿邮箱：author@citicpub.com

目 录

contents

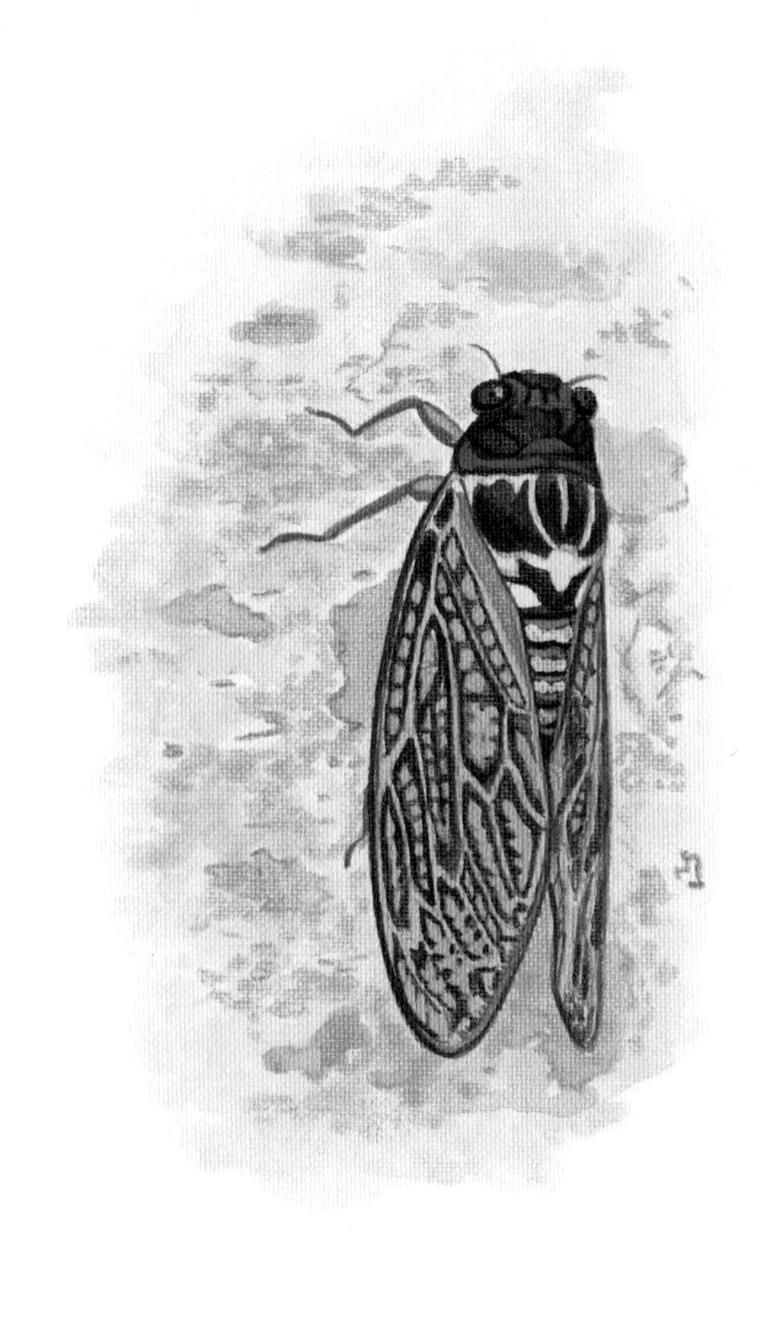

在生命的最后时刻
看不到天空

/ 蝉 /

一只即将告别生命的蝉，落在树下。

蝉死去的时候，都是腹面朝上。昆虫一旦身体僵直，腿就会收缩，关节弯曲，无法在地面上支撑身体，就会翻个底朝天。你以为它死了，便去戳一戳，可是它突然拍打起翅膀来。也有的蝉会用尽最后的力气，颤动身躯，发出“吱吱吱……”的短鸣。

它们倒不是在装死，只是连飞起的力气都没有了，死期将近。

腹面朝天等死的蝉，在生命的最后时刻，它们到底在想什么呢？

它们的眼睛，会看到什么呢？

是湛蓝如洗的天空，是夏末的积雨云，还是树木缝隙间洒下的阳光？

可是，虽说腹面朝天，蝉的眼睛却长在背面的中部，因此蝉死前是看不到天空的。昆虫的眼睛是由成千上万只小眼组成的复眼，可以获得广阔的视野，然而腹面朝天时，它们的视野却只能局限于地面。

这样也好，对蝉来说，地面才是它们从小生长并值得怀念的地方。

人们常说，“短命蝉”。

蝉虽是我们身边常见的昆虫，大家却并不了解它的生活状态。一般来说，变为成虫的蝉大约有一周的寿命，然而最近也有研究表明，蝉或许可存活两周乃至一个月，顶多一个夏天。

不过，说它短命是指成虫之后的生命长度。蝉在长为成虫之前，会在地下度过许多年。

昆虫普遍短命。昆虫一类大多活不长，短短的世代，一年里几经更迭。即使是寿命长的昆虫，从虫卵孵化为幼体，再到成虫，最后寿终，也几乎不满一年。

而同为昆虫，蝉能活上数年，实在是一种长寿的生物了。

据说蝉的幼虫会在地下生活七年，甚至更长时间。如果是这样，那倘若幼儿园的孩子抓到一只蝉，反而是蝉比孩子还要年长。

实际上，我们并不清楚蝉会在地下度过多少年。毕竟地下的实际情况并不容易观测到，而且假设蝉在地下度过七年，就必须持续观察七年——相当于一个孩子从出生到上小学的年数。因此，简单的研究是行不通的。关于地下的生态情况，还有很多未解之谜。

可是，明明多数昆虫都短命，为什么蝉就能多年不长为成虫而一直生活在地下呢？

蝉的若虫期长，是有原因的。

植物都有导管和筛管，导管负责将根部吸收的水分输送到植株全身，筛管负责将叶片生成的养分输送到植株全身。蝉的幼虫会从植物的导管里吸取水分。因为导管从根部吸收的水分中仅有一些微量营养，所以蝉的成长很缓慢。

另一方面，成虫由于运动量大且需要繁衍后代，会吸取筛管液以便高效地补充营养。筛管液大部分也是水分，蝉为了摄取充足的养分必须大量吸取，然后将多余的水分通过大便排出体外。

捕蝉网一旦靠近，蝉便慌忙起飞，调动翅膀上的肌肉，促使体内的尿液排出。这就是为什么我们捕蝉时经常有蝉尿落在脸上。

听起来蝉的鸣叫仿佛是在歌颂夏天，然而地上那些成虫形态的蝉，对于漫长若虫期的地下的蝉而言，只是在执行繁衍后代的任务。

雄蝉大声鸣叫，呼唤来雌蝉。然后雄蝉和雌蝉结成一对，完成交尾，雌蝉就会产卵。

这就是成虫蝉的终极使命。

完成交配，蝉就失去了活着的目标。它们的身体中似乎有个程序设定，一旦繁殖成功，便迎来死亡。

此时，蝉已经失去攀附树干的力量，落在地面上。它再也飞不动了，只能在地面上仰身翻成底朝天。它仅有的一点力气也流失了，即使你用力戳它，它也一动不动。然后，蝉的生命静静地宣告终结。临死之际，蝉的复眼看到的，究竟是什么样的风景呢？

一整个夏天如大合唱般吵闹的蝉鸣也渐渐变小，不知不觉，蝉的声音也几乎听不到了。

回过神来，你才发现夏天已经结束了，秋天到来了。

危险临近，为什么还要迎上去

/ 剪刀虫 /

有时候翻过石块来，你就能看见剪刀虫（即蠼螋）正挥着钳子耀武扬威。

剪刀虫恰如其名，它的特点是尾部末端有大大的剪子一样的尾铗。

回溯昆虫的历史，剪刀虫出现在相当早的时期，属于原始物种。

被称作“活化石”的蟑螂也是原始昆虫的代表之一。蟑螂长着两根长长的尾须，这尾须便是原始昆虫的特征。

一般认为，剪刀虫的尾铗是由两根尾须进化而来的。剪刀虫挥舞着尾端的钳子，就像蝎子举起毒刺，在面对敌人时保护自己。另外，西瓜虫和毛毛虫在发现猎物后，也会用钳子让猎物不能动弹，然后慢慢吃掉。

当你翻过石块来，那本来藏身石下的剪刀虫惊讶地发现四周突然变亮，于是慌忙嘎嗒嘎嗒地四散而逃。

然而，也有不慌不忙、一动不动的剪刀虫。

它似乎并不只是安安静静地藏身在那里。你看，那剪刀虫正勇敢地挥舞钳子，甚至带着威胁逼近人类。

挥舞钳子威逼而来的剪刀虫，有着怎样的故事呢？

仔细观察，你会发现剪刀虫的身边有刚产下的虫卵。

原来那只没有逃跑的剪刀虫刚刚做了妈妈，为了守护珍贵的虫卵，它放弃逃跑，勇敢地挥舞着它的钳子。

在昆虫一类中，能养育后代的昆虫不太多。

昆虫在自然界处于弱势地位。青蛙、蜥蜴、鸟类以及哺乳动物等都会捕食昆虫。昆虫父母即使想要保护孩子，结果也只是让自己一起被吃掉。这样一来全家人都不在了。因此，许多昆虫不得不放弃保护孩子，产完卵就不再照管孩子了。

即便如此，也有个别会养育后代的昆虫。比如，捕食小鱼和青蛙的肉食水栖昆虫——田鳖，还有就是剪刀虫。

蝎子虽不是昆虫，却有毒刺作为超强武器，也会养育后代。另外，以其他昆虫为食的蜘蛛中，也有养育后代的种类。

在残酷的自然界，养育并守护后代成长的行为是一种特权，它只赋予那些强大到可以保护子女的生物。

虽然比不上蝎子的毒刺威力大，剪刀虫至少还有钳子这种武器。因此，剪刀虫选择了由父母保护虫卵的生存方式。

昆虫在养育后代时，有的是父亲来保护虫卵，有的是母亲。父子蟮就是由父亲来保护的。剪刀虫则是由母亲守护虫卵。剪刀虫妈妈产卵时，爸爸早就不见踪影了。孩子从小不知道父亲长什么样，这在自然界是很平常的事。

剪刀虫的成虫度过冬天后，会在冬去春来的时节产卵。

石块下的剪刀虫妈妈用身体罩住产下的虫卵，以保护它们。接下来还会精心地照顾，为防止虫卵生霉，剪刀虫妈妈会按照顺序一个个温柔地舔舐虫卵，还要经常挪动虫卵的位置，好让它们充分接触空气。

在虫卵孵化之前，剪刀虫妈妈会寸步不离地守在旁边。这样一来，剪刀虫妈妈连捕食的时间也没有。不去觅食，不吃不喝，就这样一直守护照顾着虫卵直到它们孵化。

剪刀虫的孵化期超过四十天，这在昆虫中属于用时特别长的一类，有研究表明，用时较长的甚至花费了八十天才孵化。在那期间，剪刀虫妈妈片刻不离地守在虫卵身边，一直保护着它们。

终于，到了虫卵孵化的日子。等了又等的小宝宝们出世了。

然而，剪刀虫妈妈的任务并没有到此结束。等待剪刀虫妈妈的，还有一场重要的仪式。

剪刀虫是肉食昆虫，以小型昆虫为食。可是刚刚孵化的小幼虫还无法获取食物。幼虫们饿着肚子，聚拢过来撒娇一样地缠着母亲。

这是仪式的开头。

接下来究竟会发生什么呢？

世上竟有这样的事，剪刀虫宝宝开始分食自己母亲的身体！

而且，孩子们围攻上来，母亲却根本不逃跑，反而充满怜爱地袒露出自己柔软的腹部。剪刀虫妈妈是否故意露出腹部，我们不得而知，但这一行为在剪刀虫中经常被观察到。

怎么会这样，剪刀虫妈妈为了喂饱刚从虫卵孵化而来的孩子，献出了自己的身体。

孩子们能明白母亲的那份心意吗？剪刀虫宝宝似乎

是争先恐后。

若说残酷，或许的确残酷。可是幼小的虫宝宝，如果不吃东西，就会饥饿而死。这样的话，对于母亲而言，辛辛苦苦保护虫卵的意义又何在呢？

剪刀虫妈妈一动不动，静静地注视着孩子们。即便到了如此地步，当有人挪开石块时，她仍会拖着疲惫不堪的身体，用尽残存的力气，向人类挥舞起钳子。这就是剪刀虫妈妈。

剪刀虫妈妈的身体在一点一点、一点一点地消亡。它消逝的身体，将化作孩子们的血与肉。

它的意识逐渐模糊，如果剪刀虫妈妈会思考的话，它会想什么呢？会怀着怎样的心情结束自己的生命呢？

抚育子女是有能力保护子女的强大生物才拥有的特权。而在众多昆虫之中，剪刀虫是拥有这一特权的幸福的生物。

剪刀虫会怀着幸福感死去吗？

春天也来临了，茁壮长大的孩子们从石头下爬出，走上了各自的路途。

石头底下，残留着母亲的遗骸。

从故乡出发，
在故乡结束

/ 鲑鱼 /

据说鲑鱼最后会回到故乡那条生养它的河流中去。

对它们而言，那是很长很长的旅途吧。

出生在淡水江河中的幼年鲑鱼，会沿着河水顺流而下，进入广阔的大海，继续它们的旅程。日本的鲑鱼会从鄂霍次克海游向白令海，再从那里进一步向阿拉斯加湾前进。

鲑鱼在汪洋大海中行进、栖居，它们的生活状态仍然充满谜团。沿着河水溯流而上的鲑鱼以四岁的个体居多，从这一点来看，鲑鱼会在大海中生活数年，成年后的鲑鱼将朝着出生的地方，踏上最后的旅途。

从故乡的河流启程，最后再度回到故乡，据说这段路程长达一万六千公里。这一距离，大约是绕地球半周的长度。那一定是一条充满艰险的壮烈之旅吧。

话说回来，鲑鱼为什么要以故乡的河流为目的地呢？都说人类会随着年岁的增长而开始眷恋故乡，那鲑鱼也会在某一时刻想起故乡吗？

当然，鲑鱼朝着故乡洄游是有原因的。鲑鱼要上溯故乡的河流，在河水中产下鱼卵。一旦寄托了新的生命，它们便迎来死亡。

对鲑鱼来说，出发回故乡的旅途，是一条死亡之旅。

它们知道那条旅途的终点吗？如果知道的话，是什么让它们踏上了危险重重的死亡之旅呢？

对鲑鱼而言，留下后代是一项重要的工作。然而，产卵似乎并不是非要回到故乡那条河流不可。

为什么就算旅途千难万险，也一定要回到故乡的河流呢？还有，鲑鱼是从什么时候开始，过上了那样的一生呢？遗憾的是，这些原因我们仍未找到。

回顾生物进化的历史，曾经，所有的鱼类都栖居在大海中。慢慢地，鱼类进化出了丰富的种类，大海变成了一个由捕食者和被捕食者构成的弱肉强食的残酷世界。为了逃出捕食者的魔爪，处于被捕食地位的弱势鱼类便会离开适宜居住的大海，迁移到河海交汇处。对于鱼类而言，那里是一个充满未知的环境。

河海交汇处是一片被称作汽水域的地方，也就是海水与淡水交融的地方。对于适应了含盐量高的海水环境的鱼类，那是有可能丧命的危险地带。即便如此，那些不善于竞争而遭受迫害的鱼类也只能住在那里。

然而，寻求猎物的捕食者最终也适应了汽水域，并开始向那里进攻。于是，弱小的鱼类为了逃命便游到含盐量更低的河流中，去寻找栖居地。一般认为，现在生活在河流或湖泊中的淡水鱼，就是那些弱小的鱼类的后代。

不过，这些淡水鱼中，有的也会选择再一次向广阔的大海前进。鲑鱼与鳟鱼等鲑科鱼类便是例证。

鲑科鱼类分布在寒冷地区的河流中。水温如此之低的河流中没有足够的食物，我们认为一部分鲑科鱼类是为了获取食物，从而选择再次进入海洋。之后，由于在食物丰富的海洋中长大，鲑鱼拥有了能够大量产卵的硕大体形。

那么，为什么鲑科鱼类为了丰富的食物游向大海，却又在产卵时，要沿着河川溯流而上呢？

海洋是存在大量天敌、充满危险的地方，这一事实至今也没有改变。对于进化后的鲑鱼而言，海洋依然是危险的。

虽说它们可以大量产卵，可是，将没有防卫能力的鱼卵散落大海，只会让宝贵的鱼卵成为其他凶猛鱼类的食物。鲑鱼为了提高鱼卵的生存率，会不顾自身的安危，洄游到河川中。

就这样，鲑鱼朝着母亲河，踏上死亡之旅。它们是如何能够不迷失方向，准确无误地回到遥远故乡的那条河流中去的呢？据说鲑鱼会通过河水的味道判断出故乡的河流，可是仅凭这个就能认出故乡吗？实在是太神奇了。

在长途、危险之旅的最后，即使寻到了魂牵梦绕的那条河，鲑鱼也无法全然放下心来。

虽说是故乡的河川，可对于在海水中长大的鲑鱼而言，含盐量较少的河水的危险性是难以想象的。为此，鲑鱼需要在河海交汇处停留一会儿，直到身体适应河水。

这时，鲑鱼的模样会发生变化。它们的身体会焕发美丽的光泽，浮现出红色的条纹，就像是人类为庆祝成年礼而穿上色彩鲜艳的传统服装。

洄游向母亲河的最后旅途就在眼前，它们锐利的目光中充满了自信。雌性鲑鱼通身变得优美圆润，散发迷人的魅力。每一条鲑鱼，都变得神采奕奕，再和当初那沿着河水顺流而下的幼鱼对比，简直是天壤之别。

我们可以在秋冬之交观察到准备完全的鲑鱼溯流而上。

此时鲑鱼终于成群结队进入了河川。虽然目标是一场怀乡之旅，可往前一步已经不再是自己一直以来栖居的大海。困难毫不留情地向它们袭来。

渔民们张着网，正在河海交汇处等待游上河川的鲑鱼。一旦被渔网捕到，鲑鱼的生命故事便告一段落。刚庆幸自己想办法躲过了渔网，也许下一刻便有熊爪伸入水中偷袭，许多鲑鱼在到达上游之前便丢掉了性命。

然而，磨难还没就此结束。

大家可能认为，河流与大海相互连接，所以只要溯流而上，便会到达上游。但那已经是过去的事情了。

现如今，用来调节水量、防止沙土流失的堤堰，用来储存水资源的水库等，种种人造工程遍布在河川中，阻挡了鲑鱼回归故乡的道路。

面对巨大的人造工程，鲑鱼无数次努力尝试要跳过去。无论多少次，即使失败了，即使被打倒，鲑鱼都没有想过要放弃挑战。“如果这就是先祖们曾纵身一越的天然瀑布，那我们也能像先祖们所做的一样顺利飞越吧。”但是，摆在鲑鱼面前的，是祖辈所不曾经历过的巨大的混凝土壁垒。

许许多多的鲑鱼根本越不过去，连故乡还没有见到，便用尽力气而死。

虽然人类最近设置了供鱼类洄游的通道——“鱼道”，可是一个劲儿冲上去的鲑鱼是不会识别这些的。只有偶然游到鱼道的一小部分鲑鱼可以从那里继续溯流而上，事实上利用鱼道的鱼并不像人类认为的那样多。许多鲑鱼根本没有注意到鱼道，便倒在半路上，结束了旅程。

进入上游后，河川会变窄，河底嶙峋的石块会阻挡前进者的脚步。即使这样，鲑鱼还是左右摇摆着身体，拼命地向上游去。这已经称不上是在游，只能说是在打滚挣扎。可是，美丽的鲑鱼即便是遍体鳞伤，它们还是一点一点地朝着上游艰难前进。

是什么鼓舞着它们做到了这一步呢？

鲑鱼到达了河川的上游，产下鱼卵后，最终会死去。

它们知道死亡就在这场旅途的终点等待着它们吗？

鲑鱼从河海交汇处进入河川后，就不再进食了。这也是因为对于居住在大海中的它们而言，河水中没有适合的食物吧。不过，无论多么饥饿，多么疲惫，它们都会朝着上游，一直溯流而上。仿佛是在与剩下的时间“赛跑”，它们只是一心朝着上游不停地游去，无暇多想。

它们似乎知道死亡正在逼近，所以只是目不斜视地向上游去。鲑鱼朝着死亡溯流而上。而那洄游的力量，正是它们生存的力量。

终于要说到“最后”了，它们到达了故乡那条河流的上游。迎接它们的，是令人怀念的河流的气息。

鲑鱼在这里选择爱侣，产下鱼卵。就为了这一时刻，它们经历了长途苦旅。

雌性鲑鱼在河底掘洞排出卵球后，雄性鲑鱼会贴上去排精。然后，在雄性鲑鱼的保护下，雌性鲑鱼会用尾鳍温柔地将沙粒盖在卵上。

雄性鲑鱼的生命轨迹被设定为，在生殖行为结束后便会死去。在第一次生殖行为结束后，雄性鲑鱼的死亡倒计时便开始了，但是只要生命还在继续，它们便会不断地追求雌性，在自身体力允许的范围内，尽可能地进行生殖活动。雄性鲑鱼就是这样走向死亡的。

完成产卵的雌性鲑鱼，则会伏在鱼卵上守护一段时间。但是，它们最终也筋疲力尽地倒下了。

不是因为在过于残酷的旅程后消耗了体力，也不是因为完成了生命中的大事而放下心来松了口气。

雌性鲑鱼的生命轨迹也被设定为，在生殖行为结束后就会死去。当它们顺利完成产卵，便仿佛知晓了自己的命运似的，静静地躺在那里。

据说人在临终之际，从出生以来发生的所有事情会走马灯般在脑海中回放。鲑鱼又如何呢？它们的脑中会浮现怎样的画面呢？

它们看似痛苦，却又满足地躺在那里。它们已经没有体力支撑身体了，所能做的，只是微微嚅动嘴巴，一张一合。它们静静地接受死亡。在故乡河流气息的包裹中，它们结束了一生。

涓涓细流轻柔地抚摸着一条一条接连气绝的鲑鱼。

这些小小的川流，会渐渐汇聚成大河。然后，水流会通向广阔的大海。

四季更迭，春天到了，当初鲑鱼产下的鱼卵开始孵化，一条条小鱼在这里出现了。

河流的上游没有大鱼，所以鱼宝宝很安全。但是，上游只有不断涌出的水流，缺少养料，可以作为鱼宝宝食物的浮游生物也很少。

然而……

据说在鲑鱼产卵的地方，都会不可思议地产生大量的浮游生物。是死去的鲑鱼变成了许多生物的食物。然后，通过生物活动而分解的有机物滋生了浮游生物。这些浮游生物，是刚出生的弱小鱼宝宝最初的食物。这正是鲑鱼留给子女最后的礼物。

终于，鲑鱼的孩子们游向下游的日子到来了。这之后，它们将在大海中成长，怀着对母亲河的思念而踏上归乡之旅的日子，终有一天也会到来吧。

父亲、父亲的父亲，母亲、母亲的母亲，每一条鲑鱼都经历了这段旅途。孩子、孩子的孩子也将延续这段旅途。

鲑鱼的生命在循环中生生不息。

但是在今天，鲑鱼所面临的现实更加严峻。由于堤堰与水库的修建，河流的上游大多不会通往大海。而且，人们喜欢吃鲑鱼。雌性鲑鱼腹中的鱼子，变成了人类餐桌上的美味。

于是，几乎所有的鲑鱼都在河海交汇处被人类一网打尽了。当然，如果全部吃光，鲑鱼就会灭绝，所以为了保护鲑鱼，人们将鱼卵从腹中取出，进行人工孵化。然后再将出生后的小鱼放回河中。

鲑鱼的生命还会延续下去。

但是，自食其力产卵和死在故乡这两件事，对现在的鲑鱼而言，都已经是无法实现的梦幻了。

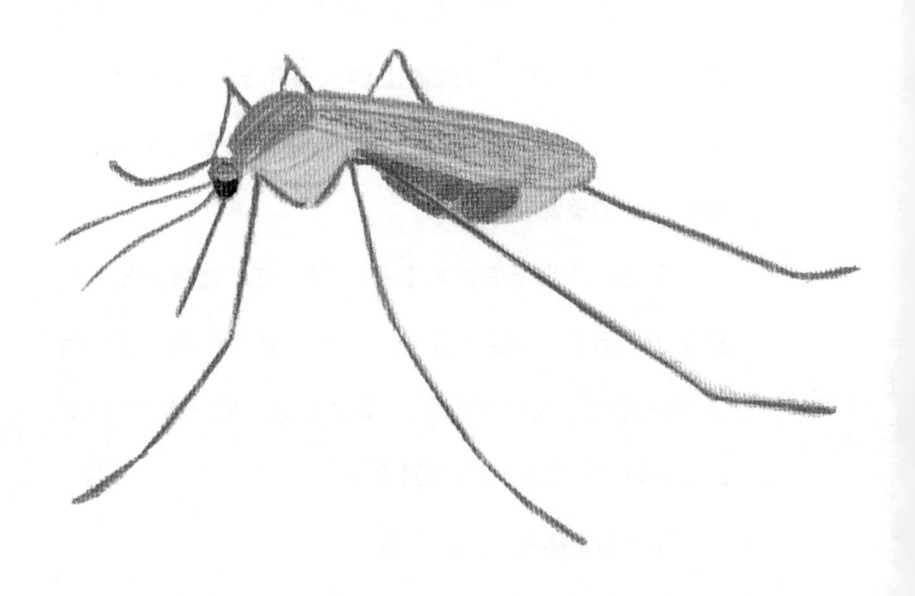

为什么赔上性命
也要冒险吸血

/ 尖音库蚊 /

它被赋予的使命是这样的。

突破重重防护网，入侵敌人最隐蔽的藏匿处。在不被敌人发现的情况下，从体形硕大的敌人体内夺取它想要的东西。当然，不止是这些。它还必须从防护网中巧妙地脱身，安全地到家。

如果这位需要完成如此艰巨使命的英雄成了电影的主人公，那一定是一部令好莱坞电影相形见绌的大片。

这位英雄正是吸食我们血液的雌蚊子。

只有雌性的蚊子才会吸血。

不论雌蚊子还是雄蚊子，平时都靠吸食花蜜和植物汁液为生，实在是非常平和的昆虫。

但是，在某一个特殊时间，雌蚊子会变成“吸血鬼”。

雌蚊子为了给蚊卵提供营养，必须补充蛋白质。但是，仅从植物的汁液中并不能吸取足够的蛋白质。因此，它们必须吸食动物或人类的血液。原来，可恨的吸血鬼的真实面目，是为了孩子不惜赌上性命的母亲。

那么，雄蚊子又是怎样的呢？

不产卵的雄蚊子没有必要冒着危险去吸食人类和动物的血液。

室外有无数雄蚊子聚集起来，飞舞着形成蚊群。雄蚊子成群结队地飞行，通过翅膀发出嗡鸣来吸引雌蚊子。来到蚊群的雌蚊子会从中挑选伴侣并进行交尾。完成交尾后，雌蚊子会做好牺牲的准备，潜入人类的家中。

蚊子的一生十分短暂。

老旧的水桶或者空瓶子里只要有一点点水，蚊子就能在里面产卵。蚊卵几天后便会孵化，之后经过短短一两个星期长成成虫。也就是说，在少量的水干涸之前，蚊子就能够破蛹而出振翅飞走。

雌蚊子在吸血后产卵并不断重复这一过程。运气好的话，蚊子的成虫可以活一个月左右。

蚊子便是重复着这种短暂的循环，繁衍后代。

我们身边常见的蚊子主要是茶褐色的尖音库蚊和有着黑白条纹的白纹伊蚊。白纹伊蚊常常潜藏在树丛中，因此又被称为“树丛蚊”。而尖音库蚊常常勇敢地入侵人类的家庭。

吸人血的蚊子纵然是令人讨厌的害虫，可若是站在蚊子的角度想想呢？何况那是为了自己的孩子随时做好牺牲准备的蚊子妈妈。

首先，蚊子要入侵人类的家是件极其困难的事情。

在过去，家家几乎时刻敞开着大门，而到了现代，家庭隐秘性高，大门经常紧闭，入侵路径受到限制。要么从纱窗钻进去，要么就在开关门窗的瞬间飞进去，只有这两种方式了吧。

即使想方设法进入了人类家中，还有蚊香或杀虫剂等陷阱等待着它们。这些东西对人类而言不值一提，但是对于小小的蚊子，却是能够夺走性命的强效毒气。

进入房间只是个开始，后面还有更艰巨的挑战。

首先，必须找到可下手的对象——人类。蚊子通过人类的体温和呼出的气息来感知人类的存在。这之后便是最艰巨的工作——靠近人类。

人类若是正在打瞌睡的话还好，如若不是，就必须在不被发现的情况下靠近人类。如果在飞行中被发现了，人类两手啪地一拍，就什么都完了。

蚊子还必须轻轻地在人类的肌肤上着陆，再吸走血液。当然，这一切如果没能躲过人类的发现，那就前功尽弃。

蚊子为了方便吸血进行了特殊的进化，可即使这样，吸血也绝不是一件容易的事情。

仅仅是飞到人类皮肤上就已经很危险了，它们还必须把针一样的口器刺入人类的皮肤。此时，它们的身体完全暴露在外，无处可藏。

虽然很多人以为蚊子的口器长得像一根针，但实际上那是由六根针组成的。

蚊子最先使用的是六根针里的两根。这两根针的尖端有锯齿状的利刃。据说日本古时候的忍者在进入建筑物时会使用被称为“錣”的小型锯齿，蚊子的两根针上的利刃正巧类似这种工具。

蚊子用两根针上的利刃像手术刀一样割开人类的皮肤。当然，小心翼翼不被发现。还有两根针被用来固定被割开的皮肤。

接着，蚊子会将剩下的两根针插入皮肤的开口处。

其中一根针用于吸血，另一根针把唾液注入血管。蚊子的唾液中含有麻醉成分，使人类难以感受到肌肤被割开的疼痛，同时还能起到防止血液凝固的作用。如果不注入这些唾液，人类的血液就会在蚊子的体内凝固，蚊子便会在吸血时死亡。

这真是赌上了性命的任务。

吸血的过程再迅速也需要两到三分钟。对于蚊子而言，这几分钟应该是度秒如年吧。

这有点像小偷作案时的心情，随时警惕着不被主人发现，紧张地转动保险箱的密码锁。还有点像间谍电影里的特工，进入敌人的总指挥部，登录主机备份数据时那么惊心动魄。

千万不要被发现…… 马上就好…… 马上就好！

就算是吸完血了，也并不代表任务完成。真正艰巨的任务还在后面。

蚊子的幼虫孑孓只能生活在水中，因此，雌蚊子必须在水面产下蚊卵。而且，自来水那种清澈的水中没有可供孑孓成长所需的养料，必须是富含有机物，有浮游生物的脏水才行。雌蚊子会自己吸水，判断是否适合孑孓生长，确认后才开始产卵。当然，干净的人类家庭不存在这样的环境。因此，为了产卵，雌蚊子又必须逃出人类的家。

作为这个故事的女主人公，它总算顺利地吸完了血。

只是，现在才终于进入故事的后半部分。它能够能顺利逃出，完成产卵这项最重要的使命吗？

总之，进入人类家庭很困难，逃离人类家庭更加困难。

进入人类家庭的时候，可能是偶然发现了纱窗的空隙。但是，想要再一次找到同一处空隙的概率几乎为零。找不到的话，就必须寻找新的空隙。

现代家庭密闭性都很好，想要找到一处能够逃脱的地方绝不是件容易的事情。

不仅如此。

蚊子的体重为两到三毫克，而吸血后是五到七毫克。蚊子必须带着沉甸甸的血液摇摇晃晃地飞行，在不被人类一巴掌拍死的情况下找到出口。

这是多么艰难的任务啊！

吸饱了血的蚊子，拖着沉重的身体晃晃悠悠向空中飞去。

但是，摇晃的身体总是无法稳定在一个姿势，这让蚊子不能如常地飞行。

即使这样，它还是努力地扇动翅膀。

绝不能在这个时候放弃！它肚子里孕育着新的生命，必须想办法找到出口……哪里有出口呢？

就在这时——

它感受到了微弱的空气流动。或许某一处窗子有缝隙。如果这是电影中的一个场景，它大概会不经意间流露出微笑。

但是，这一瞬间的喜悦是否会造成它一瞬间的大意呢？

“啪！”

巨大的声响撕裂了空气。

有人发现了摇摇晃晃飞行的蚊子，用手掌打了下去。

手心里黏糊糊地沾上了鲜红的血。

“好恶心啊，手上沾血了。”

那人用纸巾厌恶地擦去蚊子被压扁的身体，然后丢进垃圾桶中。

已是傍晚了。

外面的树荫下已聚集了一大群蚊子。

这是一个再平常不过的傍晚。

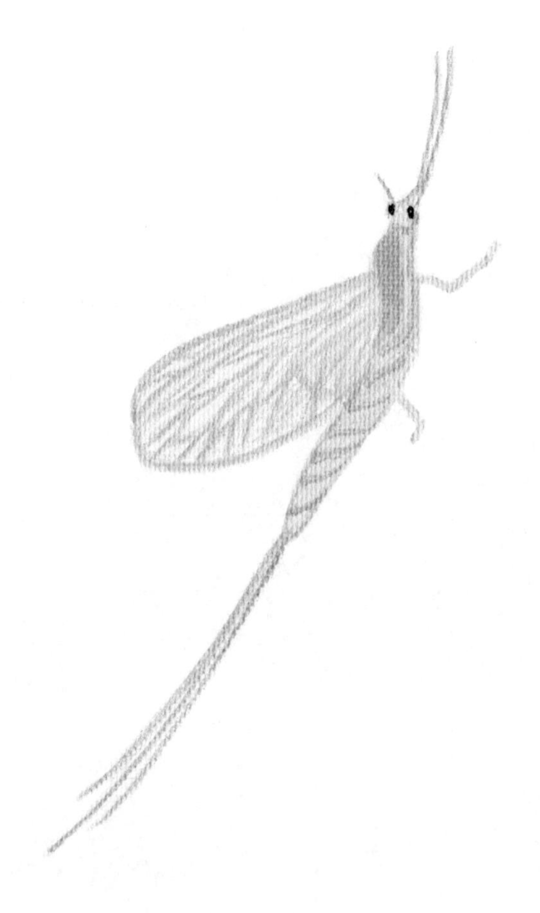

短暂但绚丽的生命

/ 蜉蝣 /

形容人生苦短时，我们常说“命如蜉蝣”。

蜉蝣是一种长相类似蜻蜓的昆虫，却不能像其他昆虫一样英姿飒爽地飞行。蜉蝣的飞行能力很弱，飞行时好像只是在被风吹着飘舞。

我们形容空气氤氲不定为“游丝”。据说“蜉蝣”这个名称就取自“游丝”，因为都是一样的无常而缥缈。也有说法称，蜉蝣轻飘飘飞行的样子看上去很像“游丝”。

不管怎样，印象中的蜉蝣总是一种脆弱的昆虫。

而且，如此脆弱的昆虫好不容易长至成虫后，又会在一天之内死去，所以它才被作为短暂无常的生命的象征，有了“命如蜉蝣”的比喻。

蜉蝣的学名叫作“ephemeroptera”（蜉蝣目），是拉丁语中的“一天”和“翅膀”两个词意相结合而创造的词语。

邮票或明信片等一次性印刷品被称作“ephemero”，这个词也源于拉丁语中的“一天”，有着“如蜉蝣般迅忽”的语义。

蜉蝣就是这样一种短暂的象征。被认为只能活一天的蜉蝣成虫，其实只能活几小时。

真是稍纵即逝的生命啊。

可蜉蝣确实是这样的吗？

实际上，蜉蝣的生命在昆虫世界并不算短暂，甚至还算是长寿的。

蜉蝣会度过数年的稚虫[1]时期。准确的时长我们尚不清楚，但一般认为是两到三年。与蝉相同，它们的稚

① 蜻蜓和蜉蝣属于不完全变态当中的半变态类型，它们的幼体被称为稚虫。——编者注

虫期也很长。

很多昆虫从虫卵长成成虫再到死亡只要几个月到一年的时间。和那些昆虫相比，蜉蝣的寿命是它们的几倍长了。

我们看到的蜉蝣成虫期对于蜉蝣的一生来说，短暂得就像是临死前的一瞬间。

蜉蝣的稚虫栖居在河川中，常常会被用作钓鱼的鱼饵。

花费数年长成成虫的蜉蝣，会在夏秋之交化出羽翅飞向空中。

蜉蝣和其他昆虫相比，有一个神奇的地方。

一般来说，昆虫的幼虫羽化长出翅膀，则变为成虫。然而蜉蝣却不同。即使稚虫羽化后，也还不是成虫。

蜉蝣的稚虫羽化后进入“亚成虫”，成虫之前的阶段。亚成虫有翅膀，可以在空中飞翔。但亚成虫毕竟不是成虫。蜉蝣以亚成虫的形态行动，再次蜕皮以后才正式成为成虫。

蜉蝣的生长过程看似奇妙，其实在昆虫界是非常原始的一种形式。从已经完成进化的现代昆虫的角度来看，那是一种奇特的生态形式，而实际上，蜉蝣是直到今天都保留着昆虫原始的生态形式。

昆虫的进化过程充满了谜团。

我们的祖先从长着鳍的鱼类进化到有腿的两栖类，而在尝试走向陆地的时候，蜉蝣的亲族就已经长出了翅膀在空中飞舞了。

我们普遍认为地球上最早的昆虫是没有翅膀的，目前已知的最原始的有翅昆虫是古网翅目昆虫，只存在于化石里，蜉蝣应该是现存最早长出翅膀并飞向空中的昆虫。

那之后又过了三亿年，蜉蝣的模样直到现在都没有改变，这是很难得的。

蜉蝣就是活的化石。在进化这个生存游戏中，活下来的即是胜者，蜉蝣正是最强的生物之一。

那么，在三亿年的时间里，蜉蝣是如何挺过那么多严酷的生存竞争的呢？

这个秘密就隐藏在“稍纵即逝的生命”里。

对蜉蝣而言，“成虫”这一阶段只不过是为了繁衍后代。成为成虫的蜉蝣并不进食。不仅如此，它们连用于进食的口器也退化并丧失了。也就是说，蜉蝣的成虫本来就不能进食。

对于蜉蝣来说，比起吃东西活命，更重要的是繁殖后代。

拥有翅膀的成虫若是再多活一会儿，死亡的风险就会提高，或是在繁衍后代前被天敌吃掉，或是遭遇事故。不论多么长寿，只要不留下后代，对蜉蝣来说便没有任何意义。因为蜉蝣的成虫阶段极其短暂，它们全力以赴使得繁衍后代更容易实现。如果蜉蝣也有“天年”一说，那么蜉蝣的成虫就是为了尽享天年，生命才如此短暂。

只能翩翩飞行的蜉蝣既没有从天敌手中逃脱的能力，也没有防身术。

为此，蜉蝣会结成大型的蜉蝣群。

那还不是一点规模，而是极其庞大的群体。

傍晚时分，所有的蜉蝣同时羽化成成虫，这是一场大暴发。

在日本，蜉蝣大暴发受到关注的一例是希氏埃蜉。希氏埃蜉的数量非比寻常，它们在空中飞舞的样子就好像纸屑被风吹成了雪花。

空中的蜉蝣群遮挡了人们的视线，有时会因此而造成追尾事故，有时会使得道路关停禁止通行，甚至还会导致电车停运、交通瘫痪等。蜉蝣群的庞大数量足以给人类生活造成不小的影响。

蜉蝣一般会找准在太阳西斜、夜幕初降的时刻开始羽化。

选在傍晚时分开始是为了避开昆虫的天敌——鸟类。

当然，在很久很久以前，蜉蝣刚出现在地球上，那时候还没有鸟类的踪影。在鸟鹊归巢时羽化，大概是蜉蝣在漫长的历史中获取的智慧吧。

但是，也有出现在傍晚的天敌 —— 蝙蝠。

总之，大群的蜉蝣是蝙蝠的饕餮盛宴。

蝙蝠欢欣鼓舞，狂喜地捕食着一只又一只蜉蝣。然而它们并不能吃光大批的蜉蝣群，所以多数蜉蝣得以逃脱并存活下来。

这就是蜉蝣的作战方式。结成庞大无比的群体就是为了防止被蝙蝠吃尽。

有的蜉蝣被吃掉，有的活下来，蜉蝣群继续飞舞着。在这个大群体中，雄性和雌性会相遇并开始交尾。

但是，分配给这场派对的时间非常有限，毕竟蜉蝣成虫的寿命极其短暂。

就像灰姑娘参加的舞会，报时的钟声一旦敲响，蜉蝣就会像魔法被解除一样从这个世界上消失。

在有限的时间里，蜉蝣必须完成交尾。

对于蜉蝣来说，成虫阶段的存在仅仅是为了繁殖后代。

完成交尾的雄性蜉蝣带着颐养天年的满足感走完了自己的一生。正像“命如蜉蝣”说的那样，生命之火缥缈地、安静地消逝了。

然而，雌性蜉蝣还不能死。它们必须飞到河面上，在水中四处产卵。如果动作不够迅速，生命便会走到尽头。夜越来越深了，这正是一场与时间的赛跑。

即使安全降落在水面，雌虫也没有一丝喘息的机会。

对于鱼类而言，水上的蜉蝣是绝佳的食物。这次鱼儿们也欢欣鼓舞，狂喜地捕食水面上的蜉蝣。

于是，有的蜉蝣被吃掉，有的活下来。

幸运地活下来的雌虫在水中诞下新的生命，然后虫卵将静静地沉入水底。

这时雌虫似乎心满意足，与此同时，它们的生命之火也慢慢熄灭了。

繁衍后代，是蜉蝣一生的目的。

这是多么稍纵即逝的生命啊！

死后的雌虫残骸对于鱼类来说，也是绝佳的食物。鱼儿们的欢宴还没有散场的迹象。

夜色深沉，完成交配后如愿以偿的雄虫们，没能降落水面的雌虫们，以及未完成交尾的众多成虫都相继死去，走完了它们短促的一生。

夜色深沉，遮天盖地般大量的蜉蝣残骸就好像纸屑一样随风飘散。那情景看上去仿佛是劲风卷起千堆雪，非常壮观。

蜉蝣的一夜告终诚然是短暂、无常的，可是，这短促的生命正是蜉蝣在三亿年历史中进化而来的。不可否认的是，蜉蝣灿烂鲜活地纵情度过了自己的一生，最后寿终正寝。

为了留下后代，心甘情愿被吃掉

/ 螳螂 /

据说雌性螳螂在交配完之后，会将雄性螳螂杀掉并吞食。

这究竟是真是假？

提起螳螂，人们的脑海中总会浮现出一个凶恶残暴的可怕形象。

螳螂原本是破坏农作物的害虫的天敌，受到人类敬重。在古代，有的祭祀用的铜铎上会画有螳螂的图案。螳螂也被称作“作揖虫”。之所以这样叫是因为螳螂将两只镰刀手叠在一起摇晃的样子，看起来就像是在合掌作揖一样。而在西方，螳螂则被尊为神圣的昆虫，那合掌的动作使其被比喻为预言家或是僧侣。

可是如今，人们对螳螂的印象多停留在杀掉并吞食雄性的残忍的一面。

螳螂在春天从卵中孵化，在夏季成长，交配的季节则在夏末。到了这个季节，我们在生活中就会观察到雌性螳螂将交配后的雄性螳螂吃掉的现象。

将这一生态现象广为传播的是《昆虫记》的作者法布尔。他是法国著名的昆虫学家，经过仔细的观察，将他的发现在书中进行了详细的记述。

螳螂这种生物，只要是会动的东西，都会被它看成猎物。即便对方是作为同类的雄性螳螂也不可避免。对于螳螂来说，只要是靠近自己的东西，全都要捕杀吃掉。

因此，雄性螳螂和雌性螳螂交尾时，必须提起十二分的注意。一旦被发现，小命就难保了。雄性螳螂必须在不被雌性螳螂发现的情况下从背后悄悄接近，并飞骑在雌性螳螂的背部。对于雄性螳螂而言，交配可以说是一场命悬一线的博弈。

虽说危险，但雄性螳螂也不能因为惜命就不去接近雌性螳螂。雄性螳螂如果不能成功交尾，就无法留下子孙后代。因此，雄性螳螂都是抱着赴死的决心去接近雌性螳螂的。

与之相反的是，雌性螳螂对于交尾似乎没有那么执着。比起交尾，它们更在意让自己吃饱，这样才能产下健康的虫卵。

雌性螳螂在交尾时也会想尽办法扭动身子去捕杀雄性螳螂，雄性螳螂则必须想方设法躲开雌性螳螂，在保证不被吃掉的情况下进行交尾。如果雄性螳螂在交尾时不幸被雌性螳螂抓住，那就只能被雌性螳螂吞进肚子。

然而实际上，雄性螳螂被雌性螳螂抓住并吃掉的例子并不多见。大多数情况下，雄性螳螂都能顺利逃出雌性螳螂的“魔爪”并存活下来。有调查显示，雄性螳螂被雌性螳螂抓住的概率仅有十分之一到十分之三。

然而吞食雄性螳螂的雌性螳螂真的如此残忍吗？

而雄性螳螂又真的如此悲壮吗？

对于雌性螳螂而言，产下虫卵这一行为也是一个伟大的事业。

雌性螳螂为了产卵，它们需要摄入充足的营养。而被吞食的雄性螳螂对于雌性螳螂来说则是绝佳的营养来源。

据说吞食掉雄性的雌性螳螂的产卵量可以达到普通产卵量的两倍以上。

若能从雌性螳螂手中逃脱，雄性螳螂的交配机会也会大大地增加。如果说留下众多子嗣对雄性螳螂来说意味着成功，那么被雌性吞食死去，也绝非一件没有价值的事。

在最短的时间
留下尽可能多的后代

/ 袋鼩 /

它们为何而生？

大家知道袋鼩这种动物吗？

袋鼩的体长只有十厘米左右。它们是形似小老鼠的有袋类动物。有袋类，就是说它们和袋鼠是亲族，同样会在袋中抚育子孙后代。

有袋类动物生下未发育成熟的胎儿后，会在袋中哺育孩子。与此相对，哺乳类通常被叫作胎盘类。胎盘类动物的胎盘很发达，母亲能够在腹中孕育孩子。

一般认为有袋类动物和胎盘类动物原本拥有共同的祖先，但从一亿二千五百万年前开始出现分化，各自走上了不同的进化之路。

胎盘类动物分布在世界各地，适应了各种各样的环境，进化出多种多样的形态。有袋类动物则只在澳洲大陆完成进化。

猫是胎盘类动物的一种，有袋类动物则进化出了东袋鼬。狼是胎盘类动物，而袋狼是有袋类动物。鼹鼠是胎盘类动物，袋鼹鼠则是有袋类动物。鼯鼠是胎盘类动物，袋鼯鼠是有袋类动物。两类动物的进化十分类似。

胎盘类动物和有袋类动物在适应环境的过程中均出现了相似的进化。顺带一提，人们目前认为有袋类动物袋鼠对应的是胎盘类动物中的鹿，有袋类动物树袋熊对应的是胎盘类动物中的树懒。

袋鼯则与胎盘类动物中的老鼠十分相似。

老鼠是很弱小的生物，被很多动物当作猎物。为此，老鼠选择了大量繁殖后代的战略，会在一年左右的短暂生命中生下非常多的孩子。

袋鼬的战略也同老鼠一样。

它们的寿命很短。雌性袋鼬的寿命在两年左右，雄性的寿命则更短，还不到一年。

它们的一生都非常忙碌。

袋鼬在出生后十个月就会成年，并拥有生殖能力。也就是说，袋鼬十个月后就成了大人。

如果以人类二十岁成年来对比，袋鼬的成年速度是人类的二十四倍。

袋鼬的繁殖期在冬天的最后两个星期。成年后的雄性袋鼬每找到一只雌性袋鼬就会进行交配，如此不断地重复下去。

哺乳类动物中，可以看到有不少雌性选择雄性配偶的例子。哺乳类一次生的孩子数量有限，因此让优秀雄性的基因传递给子孙后代至关重要。雄性间会围绕交配对象而展开角逐，许多动物都秉持一条规则，只有获胜的雄性才有资格同雌性交配。

令人惊奇的是，雌性袋鼬对雄性袋鼬来者不拒。这恐怕是因为，即使优生优育，想让后代存活下去也十分困难，所以才大量繁殖吧。它们没有凭借喜好选择的余地。

当然，雄性一方也不会挑选雌性。用“随随便便”一词可能不太好，但雄性也确实是“见一个爱一个”。

如果有一条规则规定，只有强大的雄性才能繁衍后代，那么雄性也会进化出强壮的体格，并增强战斗能力吧。但是，对于袋鼯而言，强壮没有任何意义。因为不管什么样的雄性，雌性都会接受，所以和尽可能多的雌性交配，雄性才能留下尽可能多的后代。那么就先下手为强吧，袋鼯是没有闲工夫同其他雄性打仗的。

其他动物则会和对手竞争并选择伴侣，用声音或通过身体接触来增进感情，然后产生爱的结晶。但是，雄性袋鼯对什么恋啊爱啊的一概没兴趣，一有交配的对象就进行交配，结束后又开始寻找下一个交配对象。

这不是没有道理。毕竟雄性袋鼯的繁殖期只有短短的两周。这对于雄性袋鼯来说是一生一次的最后的机会。一旦错过这个时期，雄性的生命就结束了。因此，雄性袋鼯会在这期间不眠不休地寻求雌性。

“和一个又一个的雌性”，这么说很容易让人联想到轻浮的花花公子，但实际情况并不是你想象的那样。雄性袋鼯的交配行为是有壮烈的牺牲精神的。

雄性袋鼯因为频繁地进行交配，体内的雄性激素浓度会变得过高，压力激素也会急剧增加。这样一来，体内组织就会被破坏，生存所必需的免疫系统也会崩溃。

据说雄性袋鼯为此甚至会毛发脱落，双目失明，它们的身体已经破败不堪，即使这样仍不放弃任何留下子孙后代的机会。

两周的繁殖期终会结束，到最后，雄性袋鼯的精巢已经空空如也，之后便是一个个相继死去，结束短暂的一生。

这是多么悲壮的死亡，多么悲壮的一生啊！

而雌性和雄性不同，雌性袋鼩必须孕育下一代，它们即使不断地进行交配，后代的数量也不会增加。因此，它们不会赌上性命去重复不必要的交配。生下孩子，抚育孩子，这是留给雌性袋鼩的重要任务。

回顾生物的进化历程，有一种说法是，雄性这一性别的产生是为了帮助雌性进行更有效率的繁殖行为。

“雄性”天生便是一种悲壮的动物。

但是，雄性袋鼩却接受了命运的安排，完成使命后便走向死亡。这是怎样崇高的精神啊！

我们可以鄙视它们是沉溺于性的生物，也可以在介绍时说它们是过度交配的傻瓜。

但是，就生物学意义而言，它们是伟大的。

雄性袋鼩用自己的生命换来了叫作“未来”的种子。

这让我万分感慨，人类苦恼于“为了什么而活”，而袋鼩教给了我们活着这件事的朴实的意义——为了下一代而活。

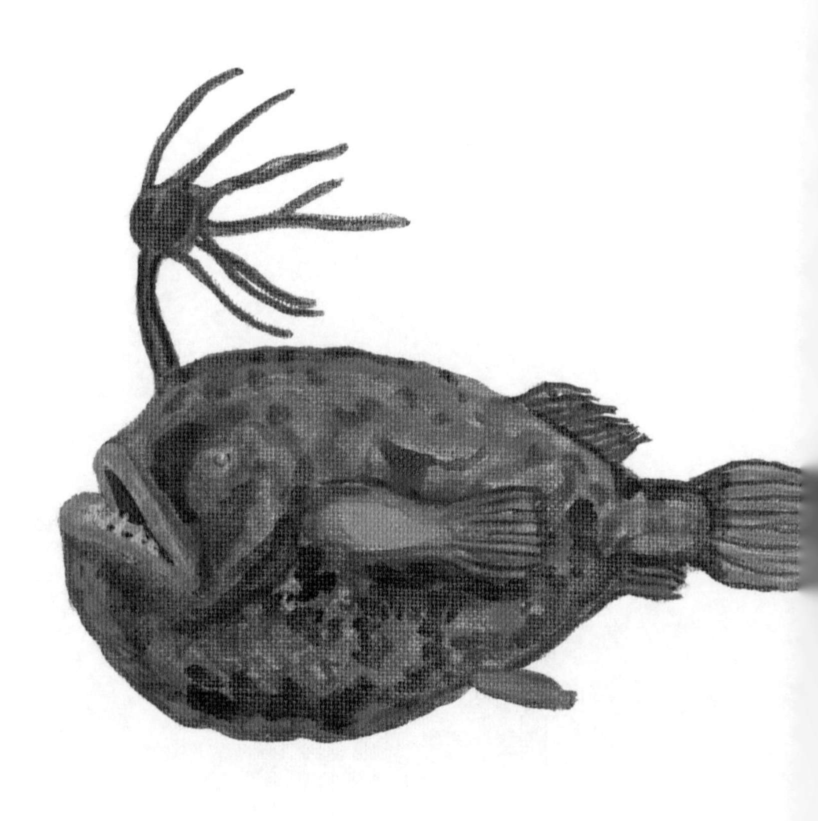

深海里不可思议的寄生关系

/ 灯笼鱼 /

灯笼鱼（即鮟鱇）是在漆黑的海底生活的一种深海鱼。

其头部长有一根细长的突起物，在没有阳光的昏暗海底，其前端的发光部位会发出微弱的光，吸引小鱼靠近然后捕食。由于发光部位酷似发着光的灯笼，因此被人们称作灯笼鱼。

在深海里栖息的灯笼鱼的生态状况至今仍是个谜。它们究竟过着怎样的生活，寿命有多长，无人知晓。

在过去，人们曾在调查灯笼鱼时，发现它们巨大的身体上附着着一种类似小虫子的生物。

不可思议的是，那小虫一般的生物，仿佛是灯笼鱼身体的一部分，与它全然融为一体。一开始，人们大都认为这奇妙的生物或许只是某种寄生虫罢了。但随着调查的深入，一件让所有人都震惊不已的事实浮出水面。

没想到，如同寄生虫一般附着在灯笼鱼身上的这个小不点儿，竟是雄性灯笼鱼。

在鱼类的世界中，雌性体形较雄性更为庞大并不稀奇。因为体形越大的鱼，产下的鱼卵也就更多。

虽说如此，灯笼鱼的雌性和雄性的体形实在是天差地别。雌性体长最长能到四十厘米，而雄性则只有四厘米而已。

如此差距，简直无法让人相信是同一种类的鱼。发现者将雄性灯笼鱼错认为寄生虫也就不难理解了。

而且雄性灯笼鱼的奇妙之处不仅仅在于其体形之小，其生存方式也十分奇妙。

雄性灯笼鱼紧紧咬住雌性的身体并附着在其表面，如同吸血鬼一般吸取雌性体内的血液，靠着血液中的养分生存，就像是寄生虫一样。

小小的雄性灯笼鱼，靠着雌性发出的光亮来找到雌性。

对于雄性灯笼鱼来说，要在伸手不见五指的昏暗海底找到雌性可不是一件容易的事。即便找到了，在昏暗的海底要想紧紧跟随着雌性也十分困难。因此，它们选择这种“黏人”的方式牢牢贴在雌性的身上。

相遇机会的有限，对于雌性灯笼鱼而言也是同样的。与其将养分与好不容易相遇的小不点儿雄性分享，不如将其一直留在自己的身边，这好处更为诱人，那便是保证子嗣的传承。因此，为了确保能留下子嗣，雄性逐渐进化出能附着在雌性身上并与其同化的能力。

这样一看，雄性灯笼鱼的行为简直有点无赖又无耻，而且似乎不思悔改，要把无耻进行到底。

附着在雌性身上的雄性，只需要被雌性带着走，根本不用自己费力游泳。因此，游泳用的鱼鳍在雄性灯笼鱼身上早已消失得无影无踪，甚至捕食用的眼睛也一并退化不见。不仅如此，由于靠着吸食雌性的血液存活，雄性不需要再去费力捕食，因此它们的内脏也退化了。另一方面，与雌性的身体融为一体的雄性，为留下子嗣，其体内的精巢异常发达。这么一来，对于雄性来说，其唯一有价值的东西大概就只有精巢了。可以说完全进化成了产出精子的工具。

雄性灯笼鱼一旦从体内释放出为雌性受精用的精子后，就没有任何作用了。只剩下一副没有鱼鳍，没有双眼，没有内脏的空壳。雄性灯笼鱼此后会静静地与雌性合为一体。

在深深的海底，存在着一个无法拥有地表阳光照耀的世界。

在深深的海底，存在着不为人类所知的生命形成的奥秘。

在深深的海底，雄性灯笼鱼的身体静静地消逝，生命的气息如云烟般静静散去。

对于只能依附雌性生存，只能作为生殖工具使用的雄性灯笼鱼而言,“活着”，究竟意味着什么呢?

如果作为一个男人，这样的生存之道未免太过窝囊。

但是，我们并不能就这样断言否定这种专一的生命。

回顾生命的进化历程，为了有效地留下子嗣，生命基因创造出了雄性和雌性这一组性别结构。雌性的使命是孕育后代。而雄性的使命则是协助繁殖。因此，在所有生物体系中，雄性只是作为雌性孕育后代的一个搭档罢了。说得再极端一点，从生物学的角度来讲，所有的雄性不过只是为了给雌性提供精子而存在。

照这个思维方式来看，舍去一切而拼尽全力完成辅助雌性繁育工作的雄性灯笼鱼，非常伟大。

在没有任何光明、被无边无尽黑暗笼罩的海底，雄性灯笼鱼仿佛被雌性吸收殆尽，融入雌性体内一般，从这世上消逝了。

这便是雄性灯笼鱼的生存之道。同样，这也是生物学角度的一种伟大牺牲。

为了孩子
拼尽全力

/ 章鱼 /

一想到章鱼妈妈，我总觉得有点傻，甚至有些可悲可笑。

人们所谓的印象，真是个可怕的东西。

我们认知中的章鱼形象，大概像是大脑袋上缠着头巾的样子。殊不知，那硕大的“脑袋”其实是章鱼的身体。

电影《风之谷》中描绘了一种奇怪的生物，名叫“王虫”。王虫长着许多脚，这让它能向前移动。脚的根部附近是头部，头上长着眼睛，头后又有巨大的身体。章鱼的构造其实和电影中的“王虫”形象几乎一致，足跟部是头，头后又是巨大的身体。只不过，章鱼不能向前行进，而是背着身体向后游泳，从而在水中移动。

章鱼是无脊椎动物中知名的高智商生物，它们疼爱孩子也是出了名的。

在栖居于海洋的生物之中，养育孩子的生物其实是很少的。

弱肉强食的海洋世界里，吃或者被吃只是时间问题。就算亲代生物想要保护自己的孩子，也有可能被更强的生物一锅端地吃掉。因此，比起养育孩子，尽可能地多产卵无疑是更好的选择。

鱼类中也有一部分会照顾自己产的卵和刚刚孵化的小鱼苗。有这种习性的鱼在淡水鱼或沿岸浅海处生存的鱼类中比较多见。虽说在狭窄的水域中遇到天敌的可能

性更高，但由于地形复杂，相应地也有很多的藏身之处。所以在亲代的保护下，鱼卵的生存率无疑会更高。然而在浩瀚的海洋中，亲代鱼可以藏身的地方有限，一旦没藏好，只能被天敌一口吞掉，与此相比，把卵分散地产在大海中各个地方更为有利。

基于以上两点，如果选择养育下一代，就必须有着足够强大的、保护后代的能力。

另外，鱼类中绝大多数都不是由雌性而是由雄性抚育后代。

至于为何由雄性来抚养后代，现在还是未解之谜。不过对于鱼类来说，产卵的数量十分重要，所以雌性把养育后代的能量用在产卵上，增加产卵数量也是一种生存策略。但是，章鱼是由雌性，也就是章鱼妈妈来抚育后代的，故而章鱼的这一习性在海洋生物中是极为少见的。

章鱼繁殖的故事从雌性和雄性的邂逅开始。

雄性章鱼会制造甜蜜的气氛，以戏剧性的方式向雌性求偶。其中也不乏有数只雄性向同一只雌性求偶的情况。此时，几只雄性围绕一个雌性进行的激烈争斗就会上演。

雄性之间的争斗可以说是相当惨烈。毕竟繁殖可是它们一生中仅此一次的重大事件。这时候当了逃兵，也就意味着它们很难会有留下子嗣的机会。这些激动的雄性一边隐藏自己一边不断改变身体的颜色，让人目不暇接，还要尽力缠住其他雄性，才好一举取胜。雄性章鱼强忍住足部与身体被撕裂的痛，也不放过任何机会，这几乎是以命相搏的战斗。

只有赢得这场战争的雄性章鱼才有资格向雌性求爱，一旦被雌性接受，情侣关系就此确立。这时，坠入爱河的两只章鱼就会相互拥抱、缠绵，完成它们一生中唯一的一次交配活动。既像是珍爱这短暂的时间，又像是可惜这时间的短暂，章鱼们将会花费几小时慢慢完成这项仪式。仪式结束后，雄性章鱼很快便会力竭而死。它们的生命密码中已经提前设置好了这项程序，交配的完成也就意味着生命的终结。

而活着的雌性还有一项重要的工作。

雌性章鱼会在石缝中产卵。

其他海洋生物的任务到此就宣告结束，但雌性章鱼不同。等待它们的还有壮烈的孵化任务。章鱼妈妈会坚守在巢穴中保卫自己的后代直到成功孵化为止。普通章鱼卵孵化时间需要一个月，而生活在深海的北太平洋巨型章鱼由于卵的发育相对缓慢，一般来说需要六到十个月。

在这段漫长的时间里，雌性章鱼不去觅食，只会片刻不离地看守自己的卵。

从我们人类的角度来说，离开那么“一小会儿”是完全可以的，但章鱼妈妈不会这样做。处处潜伏着危险的海底，不会容许一丝一毫的掉以轻心。

留在巢穴中看守并不是章鱼妈妈唯一的工作。

它会不时地抚摸一下卵，还会清理粘在卵上的灰尘污垢、搅动卵周围的水。章鱼妈妈就是这样不停地爱抚着自己的孩子。

拒绝进食的章鱼妈妈，体力会逐渐衰竭，天敌们正在不断寻找可乘之机，攻击美味的卵。此外，岩石区域是海洋中重要的藏身之处，因此也会有一些不速之客为抢夺巢穴而来。其中还有一些为了自己安全产卵打算夺取其他章鱼巢穴的雌性章鱼。

每当外敌来袭，章鱼妈妈就会全力以赴，拼命守护自己的巢穴。就算逐渐力尽气竭，一旦自己的卵被置于危险之中，也会立刻起身应敌。

日子就这样一天天过去。

终于，那命运转折般的一天也悄然来临。

小小的章鱼宝宝即将从卵中孵化。据说章鱼妈妈会往卵上喷水，帮助孩子们破卵而出。

一直守护着卵的雌性章鱼此时已经气若游丝，没有力气游动，也没有力气哪怕是动一动脚。看到孩子们一个个成功孵化，章鱼妈妈仿佛松了一口气，躺在水中，力竭而亡。

这就是章鱼妈妈的最后时刻，也是章鱼母子的永别之时。

能活下来就像
中了彩票头奖

/ 翻车鱼 /

有时候我们能看到翻车鱼的尸体搁浅海滩的新闻。

因为翻车鱼常在离海面较近的地方游泳，所以才会受到浪花的摧残。

据说这是一种一次能产大约三亿枚卵的鱼。

准确地说，曾有人在翻车鱼卵巢内发现约三亿个未成熟卵，但不代表这种鱼一次就一定能够孵化出三亿多条小鱼。

不论到底是否有三亿，翻车鱼一次性产卵数量仍然庞大得惊人。

卵生生物繁衍子孙的战略不过两种，一种是生产大量体形较小的卵，另一种是生产体形较大但数量相对较少的卵。

一般来说，多产卵是相对较好的选择，但由于鱼妈妈为产卵所分配的资源和营养有限，要增加卵的数量，卵的个体本身就会变小。卵变小了，从卵中孵化出的小鱼苗也就变小了，于是，鱼苗的生存率就会降低。

那么减少产卵数量是否可行呢？

表面上看起来，减少产卵数量，每个卵都会变大，那么生存率更高的大鱼苗就更有可能存活。但实际上就算存活的鱼苗变多了，鱼苗基数小，最终能存活的鱼苗还是不多。

那么，在这样的前提下，“小卵多产”和“大卵少产”，这两个战略中到底哪个能留下更多的后代呢？

其实，两个战略的利弊，最终还是要看生物本身生存的环境条件。所有的生命体都是在这两个选项的夹缝中艰难求生，从而发展出了各自独特的生存战略。

哺乳动物，包括人类都是选择了后者，并进行了彻底的进化。

大多数哺乳动物一年能生育一到两只幼崽，一次分娩最多也不过几只。

哺乳动物生出的并不是像鸟或鱼那样的“卵”。由卵所变的胎儿本身已经在母亲胎盘的保护下发育，之后父母还会细心照料分娩出来的孩子。哺乳动物所践行的正是这种生产少量后代、大大提高后代生存率的战略。

另一方面，鱼类的选择和哺乳动物背道而驰，它们选择的是多产卵的战略。尽管如此，翻车鱼也可以说是个中翘楚了。

翻车鱼会生很多很小的卵。

如果这些卵全都孵化成鱼，那么全世界的海洋都会被翻车鱼填满。但实际上，这是不可能的。

翻车鱼的卵大多数都会被吃掉，从小小的卵中孵化出的鱼苗也基本会被吃掉。

就算长大了也不能安生。

在汪洋大海之中，想要猎杀翻车鱼的捕食者不在少数。

鲣鱼、金枪鱼、旗鱼等大型鱼类以及鲨鱼类，都把翻车鱼当作猎物。不光是鱼，连虎鲸、海狮等海洋肉食哺乳动物也会捕食翻车鱼。于是，许许多多的翻车鱼就这样化为碎屑，葬身大海。

到底翻车鱼一次产多少卵，其中又有多少鱼苗能长成大鱼，这些问题现在都是一个未知数。

但可以确定的是，生存下来的翻车鱼如果太少，那么翻车鱼就会灭绝，反之，自然界的平衡就会被打破。

因此，翻车鱼一次产的卵中，最终大约有两枚能够长成成年翻车鱼。这就是所谓的自然规律。

我们虽然不能确定翻车鱼能产多少卵，但翻车鱼能够“长大成鱼”的概率的确相当低。

人常说买彩票中一等奖的概率是一千万分之一，而翻车鱼平安长大的概率比彩票中一等奖的概率还要低。这么一想，能长成大鱼的翻车鱼该有多么幸运啊。

如果你生来是一只翻车鱼，你会如何呢？

你有平安长大，生存到最后的信心吗？

翻车鱼的寿命现在还不明确，但它们被认为是鱼类中较长寿的一种。它们至少能活二十年，甚至有人认为它们最长能活到一百岁左右。

不过这种好事只会降临到极少一部分幸运的翻车鱼身上。

在自然界中，不是所有生命体都能颐养天年，寿终正寝。能够幸福又长寿，本来就是奢求。

那些被浪潮打上海滩的翻车鱼，已经是足够幸运的了。

大多数翻车鱼连新闻都上不了，在出生后不久便纷纷葬身大海。

古老生物启示：活着本身就是意义所在

/ 水母 /

进入海洋馆，远远一看就会让人禁不住感叹，水母真是一种神奇的生物。

看起来不过是飘飘然浮游在水中，实际上却在努力将自己的伞一张一合游泳。你以为它要往上方漂，它却偏偏往下游。它们绝不只是在随波逐流。

它们的游动本身是有意志和目的的。可水母究竟是为什么而游呢？就这么看着，简直一点头绪都没有。

水母到底在想什么呢？

“水母也有生存的意义。”

这是喜剧大师卓别林留下的一句名言。

在卓别林的经典电影《舞台春秋》中，主人公对失去人生信仰企图轻生的芭蕾舞女演员说:“活着是一件美好而美妙的事，就算是水母也是这样。”

那句广为人知的名言，就是从这句台词中来的。

活着是件美妙的事。这个道理放在水母身上，也是颠扑不破的真理。对于生命来说，生存本身自有其美妙，自有其价值。

现实中，恐怕也确实没有一只水母因为失去生存的意义，选择自杀。对水母来说，活着本身就是意义所在。

水母最早出现在地球上，可以追溯到六亿年前。那时，别说是恐龙，连鱼类都还不存在。有研究表明，水母是单细胞生物向多细胞生物进化后的震旦纪幸存者。所以，就算追溯地球的历史，水母也是相当古老的生物。

至少从新元古代到现代，水母一直在繁衍生息。

从六亿年前绵延至今的水母生活史，其实是复杂又奇妙的。

水母刚刚降生时，以浮浪幼体的形态像微小浮游生物一般浮游。这种浮浪幼体，就像植物的种子一样，一旦附着在岩壁上，就会在那里生根发芽，变成一种像海葵一样的水螅体生物。

水螅体不会到处移动，只会在固定的地方生活。

水螅体还会出芽增殖，完全就像植物一样。

接着，水螅体会进一步变成横裂体，这种形态看起来像一摞小碗。这些小碗四散分裂，制造出一个又一个“分身”。这些小碗一样的分身被称为碟状体，碟状体便是水母的幼生形态。

水母的幼生形态碟状体，一边游动一边慢慢长大，最终发育成我们所说的水母。当它们是水螅体或横裂体时为了捕猎进化出的向上的触手，在变成水母体时自动朝下。这些触手可以帮助游动，也可以捕猎。

其后，水母会在体内完成孵化，产出新的浮浪幼虫。孵化出浮浪幼虫的水母紧接着走向死亡。

水母的生活史就这样一生两世，不断循环。

水母的成体寿命很短。不同种类的水母寿命长短不一，但最长不过一年左右。

不过，好在任何事都有转折，让人惊讶的是，也有永生不死的水母。

那就是“灯塔水母”。

起初，灯塔水母也和其他水母一样，从浮浪幼虫变成水螅体、横裂体，再变成水母幼生形态，接着成长为成年灯塔水母。

然后迎接死亡。不，是“应该迎接死亡”。

但本该死亡的灯塔水母竟然会转化成小小的、圆圆的新的水螅体。从水螅体开始，重启生命循环。这样，它便悄然完成了一次“返老还童”的过程。灯塔水母可以一遍又一遍地重复这个过程。灯塔水母不是不长大，而是可以无数次返老还童，无数次重复生命。这意味着它们真的可以不老不死，生命永恒。

想想水母出现在六亿年前的地球，因此也有人认为，一定有活了六亿年的灯塔水母。这是怎样一个神奇的生命体啊。

不老不死，可谓是古今中外人类的共同梦想。现实中也确实有研究人员寄希望于此，想解开灯塔水母的生命机制之谜，并希望应用于人类。

可不老不死，究竟是怎样一种状态呢？

不用害怕衰老，也不用惧怕死亡，想做什么都可以。如果真能活上六亿年，究竟会做些什么呢？不，它们甚至都没必要考虑这些，因为时间可是无限的。这些小事什么时候考虑都行，总有想到这些事的一天。

有一天，一只灯塔水母悠悠地浮过浅海。

这样的日子到底持续多久了呢？明天、后天、大后天……接下来的每一天这样的日子都会继续。

唰！突然之间，灯塔水母的身体被吸入海中。说时迟那时快，不过瞬间就再也看不到灯塔水母的身影了。

——原来是一只海龟。

海龟最爱吃的就是水母了。恐怕就是这只海龟把灯塔水母吃掉了。

这只灯塔水母究竟活了多少年？几百年？几千年？对拥有无限生命的灯塔水母来说，死亡已经是一件微不足道的小事了。

水母的一生

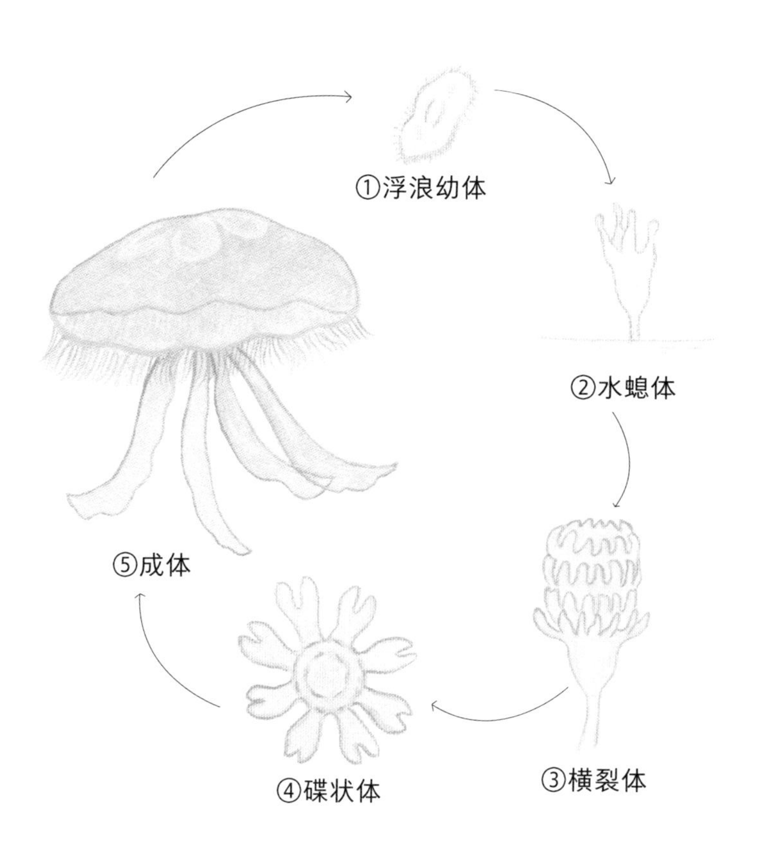

往返于海陆之间的危险一生

/ 海龟 /

一天清晨，我发现一具海龟的尸体被冲上沙滩。

它是雌性，年龄不详。

死因是溺亡。

尸检结果显示它的肺部红肿充血。这是溺亡的典型特征。

据推测，海龟的寿命在五十至一百年。我不太清楚判断海龟年轻与否的标准，但那只被冲上岸的看起来像是一只年轻的雌性海龟。

不过，这里还是有些让我想不通的地方。

海龟本该适应大海中的生活，为什么会溺水而亡呢？

海龟的祖先本来应该是在陆地上生活的，后来它们适应了海洋生活，也就发生了进化。为了能快速游动，它们的脚变得像鳍一样发达，甲壳也变得小而苗条。海龟就是凭着适应了海洋生活的身体在大海中自由自在地畅游，并会在大海中度过一生。

但是现在……

这只海龟溺亡之后被冲上岸，出现在我的眼前。

海龟溺水而亡这种事真的会发生吗？

海龟可以长时间潜游在海水中。与用鳃呼吸的鱼类不同，海龟是爬行动物，用肺呼吸，因此，每隔几小时它们就得把头伸出海面换气。

然而，当它们不小心被遍布渔场的渔网绊住时，它们就无法浮出海面。为了挣脱渔网，它们苦苦挣扎，最终死于窒息。

海龟栖息于海洋，却溺亡于海洋。死得多么悲哀。

海龟一生都生活在海洋，但雌性海龟在产卵时也会上岸。因为海龟卵在大海中无法呼吸，所以雌性海龟会爬上沙滩，到它们出生的故乡产卵。

海龟产卵的时期一般在夏季。到了夏天，雌性海龟每隔几周就会产一次卵。

对于生活在海洋中的海龟而言，登上陆地这一行为充满着困难与危险。

即便如此，雌性海龟还是会为了新生命爬上沙滩。

然而，因为海岸被开发，沙滩的数量正在急剧减少。

等到海龟经历漫长旅程终于回到故乡，却发现那里早就没有了沙滩——这样的情况并不是个例。这才真的是浦岛太郎[①]的心境。

为了填海造陆，海岸上的沙子被大量地采集，而修

① 日本传说中的人物。此人是渔夫，因救了龙宫中的神龟，被带到龙宫，并得到龙王女儿的款待。在龙宫的几天相当于地上的几十年，浦岛太郎再次回到陆地上时，那里早已面目全非了。——编者注

整河道也会阻挡沙子流入河水中。曾经广泛存在于日本海岸线上的沙滩，就这样变得越来越狭窄。

不仅如此。

仅存的沙滩在修整后吸引了大批人群。无限延伸的海岸线上被铺设起了道路，如果海龟运气不好，还会被沿海边行驶的车辆碾轧，一命呜呼。

除此以外，还有其他因素阻挡海龟产卵。

海龟需要在黑暗的环境中产卵，而在那些被灯光照得亮堂堂的沙滩上，它们是无法产卵的。即便它们好不容易来到沙滩上，也找不到合适的产卵地点，不得已再回到大海中去。

即使海龟妈妈历经苦难产下了海龟卵，后面还会面临重重困难。

夜晚的沙滩上越野车来回飞驰，海龟妈妈努力产下的卵，就这样轻易地被汽车轧得稀碎。

对于那些好不容易才出生的小海龟而言，身边也是危机四伏。

刚出生的小海龟有个习性，就是凭借月光找到返回大海的路，为此它们会被街灯误导，爬向与大海相反的方向。等到白天，则会有海鸟不断地袭击在沙滩上走得东倒西歪的小海龟。

去往大海的路，十分辛苦。

海龟的一生，也是充满危险的一生。

即使平安回到大海，小海龟也会被大型鱼类盯上。在广阔无边的大海中，小海龟实在是太弱小了。

这些小海龟洄游世界各地的海洋，渐渐长大。几十年以后，它们便成长为成年海龟。

海龟从幼年长到成年，本身就是一件很了不起的事情，要克服无数艰难险阻。

几十年后，海龟结束险象环生的旅途，再次回到故乡。

那具被冲到沙滩上的海龟尸体，正是其中一个没能躲过危险的遇难者。

义无反顾
远离生命源泉

/ 雪人蟹 /

那是很深很深的海底。

阳光照不到，只有无边的黑暗。

大家听说过“LUCA”一词吗？

生命的起源，在距今三十八亿年前。

那时候地球上的海洋里，有机物聚集，孕育出了最初的生命。那最初的生命，便被叫作“LUCA”（最近普遍共同祖先，Last universal common ancestor）。

那些没有生命的“虚无”汇聚起来，创造了“生命”，这样的奇迹源自远古。

终于，这一生命进行了多种多样的进化，让地球成了有生命的星球。

地球上生活着的所有动物、植物，究其本源，都能追溯到LUCA。

而在当今的地球上，也有着让人联想到生命起源的地方。

那就是幽暗笼罩下的深海。

在很深很深的海底，存在着能够喷涌出热流，被叫作“热液喷口”的地方。

那是由于地幔对流，海底的岩石层被吸入海沟时摩擦产生热，从而加热了喷涌而出的地下水。

生命的起源被重重迷雾笼罩。一般认为，三十八亿年前，在不存在任何生命体的地球上，最初的生命诞生在这里。

火山活动使得地下喷出的热流中含有硫化物。虽然现在大多数生物都使用氧气制造生命活动所需的能量，但是在没有氧气的原始地球环境中，正是这种硫化物的分解，产生了能量。

大家或许会认为，这是十分奇怪的生命活动，但这就是我们所有生命的缘起。

即使现在，分解这些硫的微生物仍然生活在热液喷口的四周。

只要微生物能存活，以此为食的小型生物就可以在这里栖居，然后以小型生物为食的大型生物也在这里住下。就这样，热液喷口附近产生了食物链，形成了一个小小的生态系统。

于是，在太阳光照射不到的幽暗中，生命开始萌生。

在热液喷口的周围，有生着管状壳子的生物，有用硫化铁铠甲保护自己的生物，等等，这些奇形怪状的生物成群结队，大多数让人想象不到。

雪人蟹也是在热液喷口周围被发现的一种螃蟹。它因为有着毛茸茸的手臂和雪白的身体，被冠上了这个名字。

在深海的底部，能够成为食物的生物并不多。一般认为，雪人蟹让细菌滋生在手臂上长长的毛发中，从而以此为食。

在南极瀑布，人们也发现了在深海热液喷口附近有雪人蟹出没。

南极的深海极其寒冷，水温也只有二摄氏度，是冰天雪地的彻骨之寒。

然而，喷涌出热流的热液喷口附近的水温却很高。因此，大量雪人蟹密集地汇聚在这里。不过，喷口涌出的热流会达到四百摄氏度的高温，一旦过于靠近便不仅仅是烫伤了，恐怕会当场丧命吧。

话虽如此，如果离开热流太远，则会在冰冷的海底冻死。靠得太近也不行，离得太远也不行，这其中需要一种巧妙的距离感。雪人蟹就是在这样残酷的环境中，依附着喷口过日子。

然而……

人们在距离喷口较远的寒冷的深海中，也发现了几只雌雪人蟹。

虽说这里是一片漆黑的幽暗海底，但海水的冷暖之别还是可以明显区分出来的。

为什么这些雪人蟹会出现在远离生命源泉的地方呢？

理由我们尚不清楚。

但是可以推测，这些雌雪人蟹离开喷口或许是为了产卵。

喷口对于生物而言是生命之源。深海中冷如冰窖，说不定就连被它们当作食物的细菌都无法存活。离开喷口的雌雪人蟹在冷冽的深海中慢慢流失掉体力，损害身体，最终丧命。

即使这样，身为母亲的它们也没有要停下脚步的意思。

它们一直朝着产卵的地方爬去，当然，它们将再也不能回到喷口。

生活在深海中的雪人蟹寿命有多长，我们尚不知晓。但是一般认为它们在死前只会产一次卵。

也就是说它们离开喷口，即是走向死亡的旅程。

为什么要踏上这样残酷的旅程呢？原因不得而知。

但是，雌雪人蟹执意要离开喷口，想必有它的理由。或许是为了抚养小蟹需要较低的温度，为此，我们推测蟹妈妈以自己的性命为代价，出发去适合孩子们的水温中。

然后，它们产下卵，在冰冷的大海中死去。

海明威的小说《乞力马扎罗的雪》中有这样一段话：

乞力马扎罗是一座海拔6007米，积雪覆盖的高山，是非洲的最高峰。西高峰在马赛语中叫作“鄂阿奇—鄂阿伊”，即上帝之家的意思。在“上帝之家”的近旁，有一具已经风干冻僵的豹子的尸体。豹子到这样高寒的地方来寻找什么，谁也不知道。

雪人蟹妈妈为何要踏上去往寒冷海域的旅途呢？

真相谁也不知道。

但是，雪人蟹就这样一代一代、一代一代地将生命传承下来。在地球的深海处，进行着生命的接力。

每个生命都重要 · 海洋雪

神秘的生命起源

/ 海洋雪 /

在日光照射不到的深海中，有一种白色的物质，宛如雪花般飞舞飘落。

这雪一样的物质，叫作海洋雪，名副其实，是“海洋中的雪”。

海洋雪的真实面目是浮游生物的尸体。

浮游生物（plankton）一词来源于表示“浮游”的希腊语，指的是悬浮在水层中的个体很小的生物。

浮游生物包含许多种类。如刚出生的小鱼宝宝、虾蟹的幼体、水蚤等小型动物以及微小的单细胞生物都被叫作浮游生物。

只有一个细胞组成的单细胞生物是最原始的生物，

没有复杂的构造，只是进行细胞分裂，增加数量。

一个细胞分裂为两个，这算是原有的个体死去，崭新的个体的诞生吗？还是，新的个体只是原有个体的分身呢？

对于简单的单细胞生物而言，“死亡”并不简单。

单细胞生物一分为二，这其中没有留下母细胞死后的遗体，说明这当中并不存在“死亡”。

它们只是一心一意重复对自己的复制而增加数量，如此单纯的生物，不存在生物学意义上的“死亡”。

生命在地球上诞生大约是三十八亿年前的事情。在所有生命都是单细胞生物的那个时期，生物中是不存在“死亡”的。

一般认为，“死亡”造访生物，大约发生在十亿年前。有很长一段时间，生物不会死去。因此，“死亡”是生物在长达三十八亿年的生命历史长河中，自身创造出的一个伟大发明。

一个生命如果只是通过复制而增加个体，便不能推陈出新，还会发生复制失误而导致退步。因此，生物在进化中选择了不破不立重新构建的方法。。

但是，如果全部破坏掉，便难以有继承。因此便有了从母细胞那里携带基因，再结合并制造新生命的方法，那就是雄性与雌性的性。也就是说，在创造雄性与雌性构造的同时，生物创造出了“死亡”的机制。

在拥有相对复杂构造的单细胞生物草履虫身上，虽然没有雄性与雌性这种明确的“性”的划分，但两个个体结合后重组基因，会成为两个新的个体。

两只草履虫结合后，成了两只新的草履虫，像这样重生过后的草履虫因为不同于原先的草履虫，所以可以认为新的草履虫被创造出来，而原有的个体已经死去。

就这样，生命创造出了“重生”的机制。

单细胞生物不会死。但是，那只是说它们没有寿命。

单细胞生物也不可能永远活着。构造简单的单细胞生物会因为水质、水温的一点点变化而死去。于是，单细胞生物的尸体堆积在海底。

在漫长的地球史中，海洋“雪”一直下个不停。

正如成语所说：积土成山。小小的浮游生物的尸体，在漫长的地球历史中渐渐堆积，终于成了岩石。

放射虫硅质岩就是由放射虫这种小小浮游生物的尸骨堆积形成的。另外，石灰岩也是由有孔虫的尸骨堆积而成的。

在可畏可怖的时间长河中，小小的浮游生物的遗骸，创造出了地球上的陆地。形成如此多的岩石，究竟需要多少生命的诞生和消亡呢？究竟又有多少生命在其中起起伏伏呢？

浮游生物的遗骸不动声色地、静静地、静静地沉下去。

永远不会停止，也绝对没有人看到，海洋雪就这样降落堆积在幽暗的海底。

生命就这样持续了三十八亿年。

危机四伏的漫漫觅食路

/ 蚂蚁 /

不幸，总是在某一天突然降临。

蚂蚁的巢穴，实际上代表一个巨大的组织。据说，蚂蚁巢穴中生活着数百万只蚂蚁，大一些的巢穴中，有时会达到数十亿只，确实令人震惊。如此规模，真像是一个巨大的国家。

蚂蚁家族中，有一只蚁后和少数雄蚁。其他的是一种占据大部分巢穴的，又叫作职蚁的雌性蚂蚁——工蚁。工蚁是很忙的，为了维系一个庞大家族的运转，它们必须到巢穴外去寻找食物。

据说蚂蚁觅食一次的移动距离往返超过一百米。工蚁大概是按照这个距离来来回回往返很多次吧。

蚂蚁的身长约一厘米，因此，一百米对蚂蚁而言，相当于我们人类行走大约十公里。而工蚁是背负着行李也就是食物在行走，这带来巨大的工作量。

而且，巢穴之外充满了危险，要走这么远的距离，想必会有很多意想不到的事情。估计也有几只同伴，走出巢穴后就再也没有回来了吧。

有一天，一只蚂蚁像往常一样，六条腿迈着轻快的步伐，朝着有食物的地方出发。蚂蚁的爬行速度为每秒十厘米，时速三百六十米。假设蚂蚁的身体有一米长，那么这一速度也就是每小时三十六公里，与轿车的速度不相上下。男子田径一百米的世界纪录约为时速三十七公里，因此，工蚁是以相当于奥运会运动员水平的速度在行进。

身为工蚁的它们，一溜烟地跑向有食物的地方。

那天的日头比平常更强烈，洒满阳光的地方仿佛炭烤般灼热。只要走过这段路，接下来的路就都是阴凉地儿了。

昨天觅食的地方就在眼前了，还差一点，蚂蚁的脚步也变得轻快了。

就在这时，蚂蚁忽然有一种寸步难行的感觉。这不是心理作用——原本该有的陆地不见了。

事情发生在蚂蚁以百米赛跑运动员的速度奔跑的途中。突然，觅食处从视野里消失了。

似乎是走到了地面塌陷的地方。

它刚想要迅速爬上坡面，可在细沙上却极难攀登，想要用脚扣紧地面往上爬，沙粒便在脚踩的地方崩落，它总是不能如愿爬上去。

“蚂蚁地狱啊！”

等它意识到这一点时，已经晚了，因为它踏入的是漏斗状的蚁狮的巢穴。

蚁狮俗称“蚂蚁地狱”，是一种叫作蚁蛉的昆虫的幼虫形态。蚁蛉成虫身体纤细修长，可蚁狮幼虫却长着骇人的嘴钳，奇丑无比，简直让人无法和蚁蛉产生任何联想。蚁狮在地面上制造出漏斗状的巢穴（“蚂蚁地狱”），躲在巢穴深处，用嘴钳夹住掉入巢中的蚂蚁。对于蚂蚁来说，这真是字面意义上的“地狱”了。

它万万没想到自己落入了蚁狮的巢穴，它拼了命地往上爬，可是沙堆在脚下坍塌，让它难以逃脱。

堆积沙粒的时候，当沙子不会崩塌滚落，能够静止成堆时形成的坡面与水平面所成的最大角度叫作休止角。事实上，蚁狮的漏斗状巢穴正好保持着一个不让沙粒流动的休止角。因此，就算蚂蚁小小的脚踩的很轻，也会超过临界点，导致沙粒崩落。

而且，休止角并不是一个固定值。沙粒变得潮湿则不容易崩塌，而沙粒不会滚落的临界状态下所形成的角度也会变大。因此，蚁狮便根据当下的湿度，一丝不苟地修改巢穴中斜面的角度。

掉入漏斗状的巢穴，故事也许就到尾声了。蚂蚁拼命迈动脚步，爬呀爬呀，不管怎么爬，脚边的沙粒也只是滚落下去。

不过，蚂蚁有在垂直墙壁上也能攀爬的锋利的爪子，所以即使沙堆塌了又塌，只要脚下不停，从蚁狮的巢穴中逃出生天也是有可能的。

蚂蚁拼命地挣扎，迈腿，只差一点就要爬出去了。就在这时，沙粒突然从下面飞上来，原来是蚁狮瞄准了猎物，用嘴钳一下一下地往上投掷沙粒。

蚂蚁好不容易才抓稳的地面，与蚁狮丢来的沙粒一起崩塌。沙粒滚落它便再往上爬，爬着爬着沙粒再度滚落……

拼命向上爬的蚂蚁最后还是落入了蚁狮的魔爪，成了它的美餐。这便是我们常说的“终究逃不开命运的魔爪”吧。

据说哺乳动物对时间的感觉因体形大小而异，体形越大的动物越觉得时间过得慢，而体形较小的动物会感觉时间过得飞快。我们虽然无法想象蚂蚁的时间感觉，但是蚂蚁体形较小，它们即使在迟缓地挪动脚步，我们看到的也是它们在飞快地驱使腿脚。对于蚂蚁而言，那是挣扎到最后的一分一秒，仍然无法摆脱的死亡。然而，对于体形比蚂蚁大得多的人类而言，所有这些都只发生在一瞬间。

工蚁的寿命为一到两年。但是，工蚁面临的危险实在太多，很少能安享天年。

蚁狮将嘴钳刺入蚂蚁的身体中吸取体液，然后，将干瘪的尸骸丢到巢穴外。

蚁狮的巢穴固然可怕，可偶然落入一个简简单单的陷阱中的蚂蚁也绝对是少数。也有蚂蚁能顺利地逃出来。

蚁狮的生活常常是一场与饥饿的战斗。虽然它们的身体构造使其能够忍受长期的断粮，但即便这样，捕不到猎物也会饿死。活下去在蚁狮眼中并不是一件容易的事。对今天这只蚁狮来说，那也许是几个月以来第一次大快朵颐。

蚁狮长成蚁蛉后，最多活不过一个月。但是作为幼虫形态的蚁狮度过的日子，则根据摄取营养的情况而长达一到三年不等。这在昆虫界是一个可怕的时长，在这期间，蚁狮要一直与饥饿作战。

日头变得更烈了。看来今天也会是炎热的一天。

对于蚁狮而言，日子只是继续着，继续等待下一只蚂蚁的掉落。

当尊贵的蚁后无法再产卵

/ 白蚁 /

白蚁虽然叫这样一个名字，实际上却并不是蚂蚁的亲戚。蚂蚁在昆虫中属于进化后的形态，与此相反，白蚁从三亿年前到现在模样从未改变，是昆虫界里的活化石。白蚁被分在蜚蠊目，也就是说比起蚂蚁，白蚁是更接近蟑螂的昆虫。

白蚁巢群中包含一对蚁王蚁后，以及由雄蚁和雌蚁组成的工蚁及兵蚁。巢群的规模虽然因种类而异，却都是由数十万只甚至超过一百万只白蚁组成的超大型群体。

蚁后的工作是产卵。除蚁后之外的雌性白蚁是不能产卵的。蚁后会日复一日地产下大量的虫卵。从那些卵中孵化出的工蚁便勤勤恳恳地劳动，为白蚁王国尽忠效力。

当然，蚁后不需要自己去收集食物或打扫房间。工蚁会给它喂食，清扫房间，甚至伺候它排泄。工蚁的工作还包括照顾幼虫。蚁后不需要做任何事，只需要接连不断地产卵就好了。

工蚁的寿命只有数年，而反观蚁后，我们知道一只蚁后的寿命长达十年之久。人们还发现，寿命较长的蚁后能活几十年，实在很了不起。昆虫中即使寿命较长的也以不到一年的居多，白蚁蚁后可以说是最长寿的昆虫了。

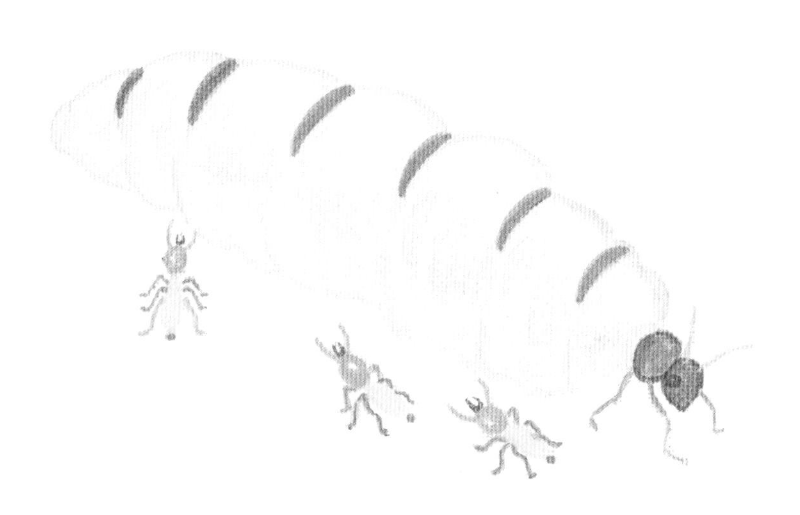

蚁后因为大量产卵，腹部进化得十分发达，身体笨重，不能灵活行动。但是，这些完全不构成问题——身边的杂务全都由工蚁为它完成。蚁后的的确确是过着王后应有的高贵优雅的生活。

一只蚁后一天可以产下几百个虫卵，一年里没有假期，每天都会产卵。即使是粗略地计算，蚁后一年也能产下多达几万只的工蚁。就这样，蚁后生出的工蚁们构建起了巨大的王国。

像白蚁一样内部有着品级分化，构成一个社会化组织的生物，被叫作“真社会性生物”。工蚁的任务只是为巢群劳动，兵蚁的任务只是守卫巢群，而蚁后的任务只是产卵。

一个生物个体想要同时担负起守护巢群、收集食物、繁衍后代所有这些工作实在太难了。没有保护好巢群会死，没有找到食物会死，当然，没有繁衍下子孙后代，自己的血脉也会断绝。因此，白蚁等具有社会性的生物采取的生存策略是组成一个大型的集体，在内部进行分工以维系集体的生存。成为个体户不是它们的目标，它们要建设的是高度组织化的大企业。

但是，也有令人想不通的地方。

对于所有生物而言，繁衍子嗣，将自己的基因传递给下一代是非常重要的。可是，工蚁为什么不繁衍子孙，而是顺从地接受了为巢群做贡献的使命呢？

原来，蚁后生出的工蚁都是一母同胞，有着相似基因的兄弟姐妹。然后，这些兄弟姐妹建造起巨大的王国。换言之，守护由兄弟姐妹构成的巢群，就等于是守护自己的基因共享者。等到自己的兄弟姐妹中诞生了新的蚁王和蚁后，它们所生的孩子则相当于自己的侄子侄女和外甥。也就是说，继承和自己相似基因的侄子侄女和外甥会不断地出生，那就相当于繁衍了自己的子孙，基因就会流传下去。因此工蚁才会一直默默地干活。

白蚁一般在房屋根基处腐烂的木头里筑巢，并以这些木材为食。

但是，这样的生活存在一个问题。

因为白蚁是一面聚居在木头中，一面以木头为食，所以当房屋的木头都被吃光，白蚁就失去了可供居住的房子。为此，白蚁不得不另寻一处地方，蚕食那里的木材并建造新的房子，同时又会再次吃掉老房子，开始另寻新居的又一轮循环。

工蚁可以用自己的脚轻松地行动，但是蚁后做不到这一点。挺着硕大腹部的蚁后无法自己行动。蚁后只能被工蚁们抬着走。

然而，这对蚁后来说是可怕的时刻。

工蚁们并不一定会带着蚁后一起搬家。

蚁后虽然被称作“蚁后”，却无权命令工蚁。工蚁们是为了自己才照顾伺候蚁后，是否带着蚁后搬家，是由工蚁们来决定的。

如果说工蚁对于蚁后而言就是一台台工作机器，那么蚁后对于工蚁而言，也只不过是一台产卵机器。产卵是蚁后唯一的价值。

在白蚁的巢群中，为防蚁后的死亡通常还会有一位备用蚁后。

产卵能力强的蚁后当然会被工蚁们抬着带到新房子里。然而，工蚁一旦认定蚁后的产卵能力低下，便不会带上这只蚁后，它便被打上了不值得被抬走的标签。然后，备用蚁后会登上王后的宝座。整个白蚁王国就这样维持下去，仿佛什么都没有发生。

工蚁们日夜不休照顾着蚁后，蚁后也日夜不休地产下虫卵。连轴工作的工蚁和连轴产卵的蚁后，这当中真正被驱使的，究竟是哪一方呢？

上了年纪，产卵能力不如从前的蚁后甚至得不到工蚁们的一个回首，就这样被无情地丢弃了。

那为产卵而生，不断产卵的蚁后啊……

它连行走都做不到，如果没有工蚁来搬运它，便无法移动。但是，没有任何一只工蚁会再折回了吧，也没有工蚁再给它提供食物了吧。老旧的房子里，蚁后被留在这里弃之不顾，只留下它无数次产子的回忆。

这就是身为蚁后的凄凉晚年。

为战斗而生的永远的幼虫

/ 兵蚜 /

“它们为战斗而生，

它们是战士，

活在战斗中，死于战斗。

这就是它们背负的宿命。”

这个故事如果是一部电影，大概会以这样的旁白开场吧。

它们，指的是兵蚜。它们都是雌性。

兵蚜并不是蚜虫中的一个种类。

在蚂蚁和白蚁中，有一种工蚁被叫作“兵蚁”，是专为守卫巢群而战斗的。蚜虫中的士兵蚜虫就相当于蚂蚁或白蚁中的兵蚁。在蚜虫家族中，有一部分会像蚂蚁或白蚁一样组成一个集体，共同生活。有的集体中，就存在着类似兵蚁这样专门负责战斗的个体。

蚜虫的种类超过四千种，而其中至少有五十种，内部都有兵蚜。

说起来，兵蚜的命运可谓波澜起伏。

蚂蚁或白蚁中的兵蚁在幼年时会以同其他的工蚁一样的方式被抚养长大，成年后才担负起士兵的任务。

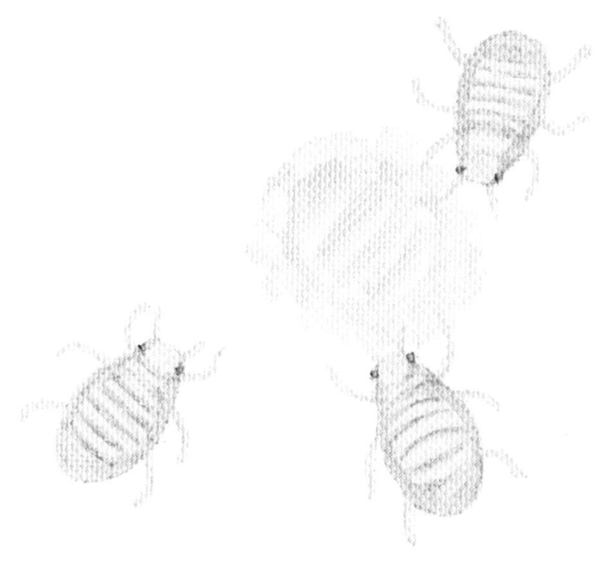

然而，兵蚜却不是这样。它们一出生就是能够战斗的士兵。

因为它们拥有与生俱来的武器，那就是连坚厚的皮肤也能刺穿的锋利的角。它们可以用头顶上的角刺入敌人，打倒敌人。就这样，它们守护着蚜虫的巢群，与以蚜虫为食的天敌昆虫作战。

不仅如此，它们还都是少女士兵。普通的蚜虫会在刚从虫卵孵化的一龄幼虫时期开始不断蜕皮，直到长成成虫。可是，兵蚜却始终保持着刚出生时的一龄幼虫形态，不会成长。因为它们的身体中没有成长的机制。

在昆虫中，成虫代表能够产下后代，负责繁殖的阶段。而赋予兵蚜的使命，是保护其他的蚜虫。它们为战斗而生，不仅不需要生孩子，甚至不需要长大。

它们以幼虫的形态接连作战，也以幼虫的形态死去。它们总是在战斗的最前线进行一轮又一轮突击，这就是它们的宿命。

普通蚜虫的寿命在一个月左右。我们虽然尚不清楚被强制安排去进行危险作战的兵蚜的寿命，但是觊觎蚜虫的天敌有很多，能保全性命安享天年的兵蚜恐怕不多。

在《星球大战》等科幻电影中，我们可以看到通过克隆技术量产的克隆士兵，而令人惊讶的是，兵蚜就是存在于现实之中的克隆兵。

蚜虫中的雌性能够生育与自己有着相同基因的“克隆孩子”。幼虫中有一部分作为普通的蚜虫出生，一直长到成虫，完成成长；还有一部分一落地就成为专门负责战斗的士兵。

它们虽然是继承了相同基因的姐妹，却有一部分生来就背负着作为士兵去战斗的使命。

蚜虫即使在昆虫中也处于弱势地位。有很多昆虫以蚜虫为食，如灰蝶或草蛉的幼虫以及瓢虫等。不管它们如何增加产卵的数量，也只是不断地被吃掉。

但是，只要兵蚜们牺牲了血肉之躯勇敢奋战，就能够拯救同伴的性命。即使无法生出自己的孩子，只要保住了有着相同基因的同伴的性命，就等于是留下了自己的基因。

因此，兵蚜是为了同伴而走向战场。

可明明是有着相同基因的克隆体，为什么会有一部分蚜虫生来就专门负责战斗呢？蚜虫的这一机制，仍是未解之谜。

它们以刚出生不久的一龄幼虫形态作战时，还只是身长不到一毫米的小小的个体。虽说袭击蚜虫的虫子们大多只有几厘米长，可比起兵蚜就大得多了。它们勇敢地跳上去对着庞然大虫刺入头角。当然，天敌昆虫会暴起转身，欲将兵蚜抖落。兵蚜的作战，用的是过于不要命、过于不动脑的疯狂的战斗方法。

战斗，不像电影或游戏世界里呈现的那样酷，也不美，战斗就是赌上性命的你死我活。对于蚜虫这种小虫子，也是一样。

说它们只是为了保卫巢群而生，或许总有种残酷的感觉。但是，同样的事情也发生在我们的身体中。

我们的体内本来只有一个受精卵，也就是单细胞生物。这唯一一个细胞不断进行细胞分裂，形成了各种器官，然后六十兆个细胞将进行分工，组成了一个生命体的形态。

举个例子，细胞中的白细胞会在细菌或病毒入侵人体时将它们杀死，驱逐出体内，然后白细胞也会死去。白细胞是专为战斗而生的防御细胞。我们伤口上生的脓，也就是战死的白细胞的遗骸。

在我们的身体中，其他细胞在白细胞的守护下得以安闲自在地生长，我们的身体也能够保持健康。

而在蚜虫的世界，蚜虫巢群在兵蚜的守护下保持着和平稳定。

生命的伟大总是伴随着牺牲。

冬天来临的预兆

/ 雪虫 /

秋天是美丽的，但进入深秋，人们就体会到冬天的前奏。

但是，冬天过去，春天就会来。正因为有冬天，我们才能够为春暖花开而欢喜。

能够优哉游哉地说出这番话的，恐怕只有人类了吧。

能否越过严冬迎来春天，对于那些活在自然界中的生物来说，是完全不确定的。能够体验春夏秋冬四个季节的生物，实在是不多。

大多数昆虫的寿命在一年以内，而大部分都没能越过冬天，就那么死在了冬季之前。

不过，也有因为能预告冬天来临而被人熟知的生物。

这种生物也作为井上靖描写自己童年时代的自传性小说的书名而被人熟知。它的名字叫作“雪虫”。小说《雪虫》中描绘了这样的风景：

那是四十几年前的事了，每到黄昏，村里的孩子定会异口同声地叫着“雪虫、雪虫”，跑过家家户户门前的街道，从这里跑向那里，追逐着那在夜幕初降的空间里，棉屑一样飞舞着的，白色的小小的浮游生物。

雪虫，因为像细雪飞舞在空中一样而得名。也有些地方，会使用“雪孩子”“雪萤”等浪漫的称呼。它的真实身份是蚜虫的亲戚，叫作绵蚜。

看上去仿佛雪片的绵蚜浑身缠绕着棉花一样的白色蜡质，因此才呈现白色。

绵蚜飞翔时，真仿佛是雪花在飘散。绵蚜虽然有着用于飞翔的翅膀，飞行能力却很弱，不如说是靠蓬松的棉絮乘着风在飘舞，好像是提前到来的雪的精灵。

蚜虫的亲戚拥有单性生殖能力，即在没有雄虫的情况下，只靠雌虫也能克隆自己的子孙，因此它们可以不断繁殖。而且，它们不是先产下虫卵，而是在体内将虫卵孵化，直接产出若虫。不用说，雌虫生下的幼虫当然都是雌性。这些雌虫又将生出雌性若虫，数量源源不断地增加。就这样，蚜虫的数量会在夏秋之交发生爆发性增长。

这种通过克隆增加数量的方法虽然颇具效率，却也存在着问题。

那就是，由于通过克隆而增加的个体全都具有相同的性别，因此一旦无法适应环境，就面临着全军覆没的危险。为此，即使效率再低，也需要让雄虫和雌虫进行交配，留下多种多样的后代。

雪虫有许多种类，就其中具有代表性的卷叶绵蚜而言，拥有翅膀的雌虫会在秋天即将结束时出生，在空中飞舞着四处移动。然后，这些雌虫会产下雄虫和雌虫，出生的雄虫和雌虫再进行交尾，产下能够度过冬天的虫卵。蚜虫就是这样采取着双重策略，一面在夏秋之交通过克隆高效地大量繁殖，在秋末振着翅膀飞向新的地方，扩大分布范围，一面也为适应新环境而留下具有多样性的子孙后代。

绵蚜也和其他的蚜虫一样，一到秋末，便振翅起飞。然后像雪花一样飘舞着，寻求伴侣。

生来就拥有翅膀的雌虫是不知道夏季的，但它们是为了恋爱才拥有了生命。秋天的尾巴，是蚜虫们短暂的恋爱季节。

雪虫是冬天来临的预兆，却随着冬天的来临而死去。寿命短浅。

雪虫的生命仿佛初雪一样虚无缥缈。

雪虫是脆弱的存在。在空中飞舞着的雪虫一旦落入人的手掌，便会因为人体的温度而迅速衰弱。而被风吹起的雪虫一旦撞上汽车的前挡风玻璃，便再也飞不起来，只能躺在玻璃上，走到生命的尽头。

“雪虫”这名字，是谁为它们取的呢？

它们的生命其实是像雪的融化一般，在静静地消逝。

堀口大学所作的诗歌中，有一篇题为《老雪》，用将入春时融化的雪来比喻自己。

北国到了旧历三月中
雪老去，宛如消瘦的
光泽褪去的
香气散去的
我的模样啊
看不到花开
便消失

雪融化后，就是新生命抽芽而出的春天。可是，雪虫是无法看到春季的。

雪虫在秋末来到世上，与冬季相伴死去。

但即使这样，春天来临，还是会有因雌雄交尾而产生的生命从雪虫的虫卵中诞生。

只不过，由雌性克隆的雪虫，是看不到那样的春天了。

不老的
神奇生物

/ 裸鼹鼠 /

裸鼹鼠，好奇怪的名字！

你或许会想，它为什么有这样一个名字呢？

只要你见到它的样子，就能理解这个名字了。

裸鼹鼠浑身赤裸，没有毛发，即使闭着嘴牙齿也会露在外面，像长着龅牙的老鼠，十足是一副奇怪的长相。

裸鼹鼠在地底下掘出隧道，靠啃食植物的根部维持生命。因为隧道中的温度十分稳定，所以裸鼹鼠身上用于保暖的体毛渐渐退化，它的牙齿也进化出了即使闭着嘴巴也能够挖掘隧道的龅牙形态。

裸鼹鼠生活在东非干燥的地底下，所以直到20世纪后半叶才被人类发现。

在刚被发现不久的裸鼹鼠身上，仍有很多未解之谜，不过，随着研究的推进，我们渐渐知道，这是一种非常神奇的哺乳动物。

它们作为老鼠的亲戚，模样实在奇怪，而其生活方式更是不同寻常。

事实上，裸鼹鼠虽然属于哺乳类，生活方式却类似于在地下生活的昆虫——蚂蚁。

蚂蚁的巢群中存在种种分工，蚁后负责产卵，工蚁负责打理巢群，兵蚁负责守卫巢群。而裸鼹鼠也像蚂蚁一样在地下组成巢群，进行分工，有独一无二负责繁衍后代的鼠后，有少数负责繁殖的公鼠，还有无论公母生殖器官都未发育、完全无法产下后代的工鼠和兵鼠。这是多么神奇的哺乳动物啊！

像这样以是否具有繁殖行为划分个体分工的特性叫作“真社会性”。这在昆虫中十分常见，除了蚂蚁，还有蜜蜂等。然而，在与昆虫进化方式不同的哺乳动物里，这却是一种极其罕见的特性。

当然，作为哺乳动物的裸鼹鼠与蚂蚁、白蚁等也有不同的地方。

蚂蚁或白蚁可以产下克隆的后代，而哺乳动物却不能生出克隆的子孙。而且，蚂蚁、白蚁能够以一天数十到数百个虫卵的速度不断产卵，而裸鼹鼠却有着两个多月的妊娠期，并和其他老鼠一样，一次生产的数量在十只左右。

其次，裸鼹鼠内部并不像蚂蚁、白蚁那样有着明确的等级划分。任何一只母鼠都有成为鼠后的资格，任何一只公鼠也都有成为鼠王的资格。

因此，鼠后为维护族群内的秩序会时不时地在巢穴中来回走动，分泌信息素，从而抑制工鼠的繁殖活动。谋反是严令禁止的。

还有，工鼠并不是一生下来就是工鼠。据说工鼠是吃了鼠后的粪便后才具有了母性，从而会养育鼠后生下的孩子。

不仅如此，裸鼹鼠身上还有更多神奇之处。

不生毛发，且有着皱巴巴皮肤的裸鼹鼠不论年龄，每一只都很显老。但令人惊讶的是，在它们的身上，人们看不到老化的迹象。

“不会变老”听起来似乎很不可思议，可是仔细想想，“老化”这件事才是不可思议的。

我们的身体会随着年龄的增长而出现各种衰退症状，你或许认为这是理所应当的，但其实不是。

诚然家电或汽车等产品会随着使用年份的增加而变得老旧。

但是，人的身体并不是一直在使用着同一套东西，人体不断地进行着细胞分裂，不断地产生出新的细胞。

比如皮肤细胞，一个月之内就会从里到外更换一新。因此，我们的身体实则是被刚出生的细胞包裹着，就如同刚出生的婴儿一样。

然而，我们的皮肤却怎么看也不像是婴儿那样的红润健康。

这是因为细胞自带老化的机制。

原本，只重复细胞分裂的单细胞生物是不存在“衰老而死”这个概念的，然而，在单细胞生物向多细胞生物进化的过程中，生命制造出了“衰老而死”这一机制。

“毁去旧的，创造新的。”

这是生命制造出的机制。也就是说，“不会死”的单细胞生物是远古的形态，而会“衰老而死”的生物是新的高级形态。

细胞的染色体中，存在着被叫作端粒的部分，我们已经知道，端粒会在每次细胞分裂后变短，人们现在认为这就是老化的原因。

端粒是为“衰老而死”所准备的计时器，端粒上忠实地铭刻着死亡的倒计时。

有一种观点认为，只要没有端粒，人就不会变老，或许就可以实现长生不老。

但是，生命体却进化出了端粒。

在生物进化的过程中，无益于生存的遗传信息都被淘汰，不产生效用的机制都会退化。如果老化的机制对生物具有不利因素，那么生物应该早就从遗传基因中摘除了端粒，或者抑制了它的作用。

端粒是生物在进化后特别获取的定时装置。

“衰老而死”，正是生物所期望的事。

生命为了推进世代更迭，创造出了“衰老而死”的机制。但是，裸鼹鼠丢弃了这一使其变老的机制。

如同海豚的脚退化了，鼹鼠的眼睛退化了，人的尾巴退化了，裸鼹鼠也让衰老机制退化了。

我们尚不清楚裸鼹鼠为什么要这样做。

但是，我们可以推测其中的重要原因。

裸鼹鼠为了在食物稀缺的干燥地带生存下来，生活在地下隧道里。群体中有负责生产后代的繁殖性母鼠、负责守卫巢穴的士兵鼠以及采集食物打理巢穴的工鼠，裸鼹鼠由于组成了有明确分工的群体，得以在严酷的环境中生存下来。

在蚂蚁、白蚁等形成分工型社会的昆虫中，负责繁殖的雌性都很长寿。裸鼹鼠可能同样是因为需要增加更多的子孙后代，所以负责繁殖的鼠后十分长寿。

那么，为什么裸鼹鼠中的工鼠也不变老呢？

负责繁殖的鼠后会不断地产下孩子，扩大巢群，所以组成巢群的工鼠和兵鼠，其实都是由同一只鼠后生出的兄弟姐妹。

一般情况下，动物生育孩子后，它的孩子会再次进行生育，像这样一代一代地繁衍下去，扩大数量。这种情况下新生的个体会继承上一代的基因，而陈旧的个体便不再被需要。因此，陈旧的个体会老去，死亡。

但是，工鼠和兵鼠的生育器官未发育完全，是不能生育后代的，因此也就没有了世代更迭。裸鼹鼠的繁殖方法是不断增加兄弟姐妹的数量，只要这样，便不需要陈旧的个体死去。不如说，所有工鼠和兵鼠都需要为巢群工作，为集体贡献力量，裸鼹鼠家族才更能繁盛起来。

可能因为这样，裸鼹鼠才不会变老，并且十分长寿。

话又说回来，在所有哺乳动物都会变老的大环境下，不老这一特性真是太难以置信了。裸鼹鼠的寿命尚未被明确，之前人类曾发现活了三十多年的长寿的个体，鉴于老鼠种类中寿命较长的也普遍在几年之间，三十年可以说是近似长生不老的高寿了。

而且，裸鼹鼠还不易生病，也很少患癌症，这真是令人羡慕不已。

但是，裸鼹鼠只是看不出衰老的迹象，并不是不会死去。

虽然它们不易患病，却不是完全不生病。另外，在自然界中，也存在各种危险。裸鼹鼠大多死于疾病和伤痛的缠绕。因为它们不被允许老死。

虽然，年纪越大身体越弱，越容易遭到不测，或者更容易患病等，这些事情并不会发生在裸鼹鼠身上，但是，它们都有一定的概率遭遇意外或生病致死。

即使不会变老，死亡也依然时常伴随着它们，谁都无法摆脱。

采集花蜜是晚年才肩负的危险任务

/ 蜜蜂 /

据说蜜蜂一辈子辛勤工作，才能收集起一小勺的花蜜。

这是多么可悲的一生啊。

工蜂生来就为了工作。

蜜蜂的世界是一个等级社会。蜜蜂的巢穴中有一只蜂王和几万只工蜂。由蜂王生出的工蜂全部是雌性的蜜蜂，而这几万只工蜂自身不具备传宗接代的能力，它们为了集体而工作，然后死去。

在蜜蜂的世界里，蜂王是从众多出生的幼虫中被选出的。关于选拔的过程，我们尚不得而知，但我们知道，被选出的幼虫会被用一种叫作王浆的特殊的食物喂养长大，从而长成比普通蜜蜂——身长在十二到十四毫米之间——体形更大的，有十五到二十毫米长的蜂王。然后，蜂王会进行产卵，繁衍子孙。

对于工蜂而言，巢群中的大部分同伴都是由同一只蜂王生出的姐妹。因为姐妹们从母亲那里继承了相同的基因，所以守卫同伴，就相当于是守卫自己的基因。为此，它们是在为巢群中的同伴而辛劳。

而新的蜂王从姐妹中诞生之后，接下来出生的第二代孩子，便成了工蜂的外甥女。工蜂即使自己没有子孙后代，自己的基因也会被继承下去。

用王浆喂养的蜂王可以存活数年，而与此相对，工蜂的寿命只有短短的几个月。在这期间，工蜂会尽其所能地拼命工作。

说起工蜂，我们的印象大多停留在飞舞在花间采集花蜜的形象上，但其实工蜂的工作并不止这些。

交给工蜂的第一项工作，是内勤。

幼小的工蜂最开始会担任清扫巢穴和照顾幼虫的工作。后来才被安排做责任感强的工作，如构筑巢穴、管理采集来的花蜜等。这大概是工蜂的职业生涯中最辉煌的时刻吧。

成年后，刚开始它们被安排在巢穴外保护蜂蜜，对于蜜蜂而言，巢穴之外都是极其危险的地方。虽然只是在家门口，可需要走出巢穴的工作想必都伴随着紧张。

而在成熟工蜂职业生涯的最后，它们会被安排采集花蜜这一外勤任务。

工蜂生命里的最后两周的时光，是在花间飞来飞去度过的。

它们飞入未知的充满了危险的世界里。那巢穴之外，蜘蛛、青蛙等以蜜蜂为食的天敌到处都是，它们还有可能被强风吹走，被雨滴打落。

采集花蜜的工作，常常是与死亡并肩而行的，任何一次外出都有可能丧命。谁都不能保证，离开巢穴后能够平安地返回。

工蜂们做好了死亡的准备，朝着危险的世界飞去。

这样残酷的工作是不能交给资历尚浅的蜜蜂的。正是这时候，才需要经验丰富的蜜蜂展示它们的经验和力量。正因为它们老之将至，它们担负起危险的任务，为了同伴，也为了下一代，作为最后的尽忠，为巢群做出贡献。

在生命成熟期的蜜蜂忙忙碌碌地从这朵花飞向那朵花，只要采到花蜜和花粉便带回巢穴。然后，再一次，飞向危险。

一天又一天，一天又一天，蜜蜂无休止地重复着这一项工作。

每天工作到头晕眼花的日子终将会结束。

明知危险仍然起飞的蜜蜂，会在某个遥远的地方走向生命的尽头。那里可能是花田，也可能不是。

蜜蜂的巢群由几万只工蜂组成。每天都有数量庞大的工蜂在某个地方丢掉了性命吧。但是，这也没关系。蜂王每天会产下几千个虫卵。然后数量庞大的新一代工蜂络绎不绝地开始它们的首秀。

一只蜜蜂得辛辛苦苦地工作一辈子，才能勉强采集一小勺的花蜜。

日本的工薪族也是工作时间长而没有休息时间，被世界各国的人们揶揄为“工蜂”。

这些工薪族一辈子的平均收入为二亿五千万日元（约为人民币一千六百四十三万）。因为是以亿为单位计算的钱数，大家可能会认为是一笔巨款，但实际上捆成叠后可以轻易地堆放在办公桌上。如果装进大号的波士顿包里，也是可以随身携带的。

我们同样是工作劳碌一辈子，所得无几，没资格去取笑那蜜蜂采来的仅有一勺的花蜜。

为什么要不顾危险横穿马路

/ 蟾蜍 /

有些道路旁会立有“注意蛙类”的路标。

一到夜晚，大量的蟾蜍会横穿道路。因此，这一路标是用来提醒司机不要碾轧到蟾蜍的。

那么，蟾蜍为什么要冒着危险横穿马路呢？

提到蛙类，不少人的印象里它们是生活在水边的，其实蟾蜍一般生活在森林或草原等陆地。只不过，蟾蜍的幼年期——蝌蚪只有在水中才能活下去。因此，蟾蜍是为了产卵才迁移到遥远的池塘边。蟾蜍生存的地方一定是贴紧森林和池塘这两处自然环境的。

蟾蜍的目的地是出生地的池塘。在池塘中蝌蚪变为小蟾蜍后会一起离开池塘而进入森林中，在森林中长至成年。成年后的蟾蜍和返回自己母亲河的鲑鱼、鳟鱼一样，会回到故乡的池塘。只不过，鲑鱼和鳟鱼一生只有一次这样的旅行，而蟾蜍每年都会往返于森林和池塘之间。

我们尚不清楚蟾蜍在自然界中的寿命长短，但一般认为能活十年以上。

每年初春，我们可以观察到蟾蜍的迁移。

早春时节，蟾蜍从冬眠中苏醒，并朝着水边进发。

蟾蜍虽然是青蛙的亲戚，从前却被叫作“蝦蟇”，与

“蛙”相区别。

蟾蜍不会像青蛙一样跳跃，它们仅仅只是移动四条腿在地面上缓慢踱步。

蟾蜍通常在夜晚行动，似乎湿热的夜晚很适合蟾蜍产卵。

令人惊奇的是，满月之夜正是蟾蜍产卵的高峰期。不知道是不是因为这一点，传说中满月之上居住着蟾蜍。

蟾蜍来回走过月光铺洒的地面，这样的身影可能看起来有些瘆人，但也显得神秘。或许正是因为如此，古代人认为蟾蜍能够一直爬到陆地的尽头，然后被蟾蜍的身影所感动，将它写入了诗歌。

《万叶集》[①]中就有吟咏蟾蜍的诗句。

> 大王君临处，日月之下
> 天云漫舒之极，
> 谷蟇行渡之极，无不臣服，皆为乐土。
> —— 山上忆良

① 《万叶集》是日本最早的诗歌总集，在日本相当于《诗经》在中国的地位。——编者注

这里所说的“谷蟇”指的就是蟾蜍。这首和歌的意思是：太阳和月亮照耀的地方，天边浓云密布的地方，蟾蜍爬行所能至的尽头，都是大王治下的安邦乐土。

此外，《万叶集》里还有这样一首和歌。

山音回响之极，
谷蟇行渡之极，
试看泱泱国土，
冬去春来，
请与飞鸟归。
—— 高桥虫麻吕

这是高桥虫麻吕在藤原宇合被任命为监督九州岛军事事务的“西海节度使”时，所作的送别之歌。意为：只要是山鸣谷响能听到的地方，只要是蟾蜍能爬到的地方，请看这大好江山，冬树抽芽，如果春天来临，愿如飞鸟早早归。

在古代，蟾蜍被认为能够爬到任何地方。

而实际上，从前的人认为走十多公里的距离就算是走到陆地的尽头，这也绝不是夸张。

蟾蜍就是这样不断行走，在长途跋涉后回到自己出生的池塘。

但是，时代已经变了。如今早已不是优雅的“万叶集”时代了。

不变的是蟾蜍依然坚持着长距离跋涉。然而现代化的道路阻挡住了蟾蜍的去路。当然，蟾蜍不会在意这些事情，还是像从前流传下来的习惯一样，不把道路当回事，继续横穿而过。为什么会这样呢？这是因为从遥远的古昔开始，蟾蜍便继承了这一仪式。

年复一年，年复一年，初春时蟾蜍都会前往池塘。

往返于森林和池塘间的生活，是从好几代、好几十代、好几百代、好几千代之前的祖先那里继承而来的。因此，蟾蜍不管遇到任何阻挠，都会返回自己出生的池塘。

话虽如此，蟾蜍在车水马龙的道路上缓慢穿行还是太危险了。

车辆的前照灯照亮黑暗的道路，无数蟾蜍的身影显现出来。汽车正在飞速行驶，车轮与蟾蜍擦肩而过。

但是，蟾蜍丝毫没有畏怯。它们也不避让，也不逃窜，只是一门心思向着故乡的池塘前进。蟾蜍的脑袋里面只有那片被当作目的地的池塘。

一辆又一辆汽车惊险地从蟾蜍身旁驶过。

“砰！”

一只蟾蜍被车轮碾过。

受到挤压的内脏统统从蟾蜍大大的嘴里暴出，散落在道路上。

走到这里已经走过了多远呢？到池塘还剩多少距离呢？

可是，蟾蜍的一生就此结束了。

剩下的只有月光。一切都结束了。

足不出户
过一生

/ 蓑虫 /

蓑虫的别名叫作“鬼娃”。因为传说中，蓑虫是被鬼丢弃的孩子，所以穿着破破烂烂的蓑衣。鬼告诉蓑虫，秋风吹起时会来接走它，在这之前它只需要好好等待。为此，秋风一刮，蓑虫便满怀对父亲的思慕，“父亲、父亲”，微弱而缥缈地叫着。

然而，蓑虫实际上是不叫唤的。“父亲、父亲”地这样叫着的，其实是蟋蟀的近亲——长瓣树蟋。因为长瓣树蟋在树上鸣叫，古时候的人误以为那是蓑虫在叫。

蓑虫用枯叶枯枝筑巢，钻在里面过日子。那样子看上去仿佛是穿着破烂的蓑衣，因此人们给它起了“蓑虫”这个名字。

蓑虫其实是一种叫作“蓑蛾”的蛾子的幼虫。蛾子的幼虫为了躲避鸟类的捕食，用枯叶和枯枝制成蓑衣，藏在其中以保全性命。

蓑虫就这样一边藏身保命一边生活，有时候也会从蓑衣里伸出头来，啃食周围的叶片，或者探出上半身活动活动。入冬之前蓑虫会借助树枝固定好蓑衣，在蓑衣里度过整个冬天。

等到冬去春来，蓑虫便在蓑衣中结了蛹，变成成虫钻出了蓑衣。然后飞出去寻求伴侣。

但是，飞出巢穴的只有雄性的蓑虫。

雌性蓑虫即使到了春天也不会从巢穴中出来。它们在巢中化蛹，长成成虫，之后也留在巢中。然后，只探出脑袋，利用信息素召唤成年的雄性蓑虫，静静地等候雄性伴侣的到来。

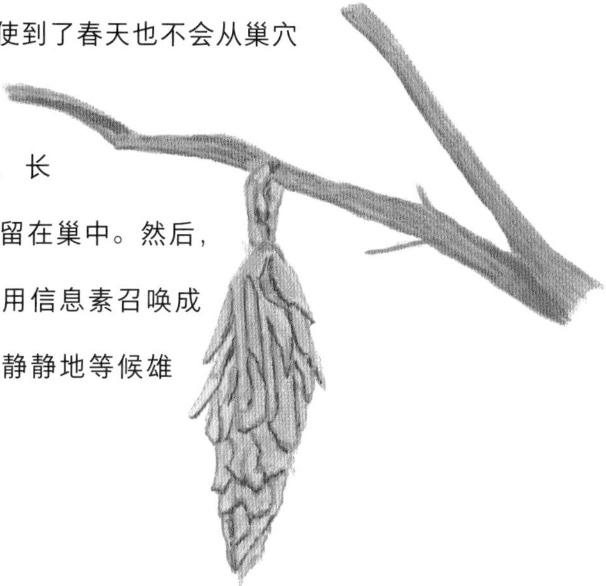

巢穴之外危机四伏。只要待在巢穴中，就是安全的。

长成成虫后也依然留在茧中的雌虫既没有翅膀也没有脚，样子如蛆虫一般。振动翅膀在空中飞行需要许多能量，所以对于雌虫来说，比起拥有那样的翅膀，还不如让身子更肥硕些，以便能够多多产卵。

雄虫发现雌虫所在的蓑衣后，会将腹部伸入蓑衣中，与雌虫进行交尾。雄虫与雌虫互相连照面都没有，便结合在一起。据说过去在万叶时代，高贵的女性居于垂帘后，不让男性一睹其真容。这雌性蓑虫，正好像是平安时代的美女一样。

对雄虫而言，那是昙花一现的优美典丽。当这场仪式结束之后，雄虫就会死去。独自留下的雌虫也不会走出蓑衣，而是继续在里面产卵。然后静静地走向生命的尽头。

当蓑衣中孵出幼虫时，雌虫的残骸已经完全干枯而掉落在蓑衣之外。这就是雌性蓑虫生命的终点。

终于，幼虫们走到蓑衣外，吐出丝线垂落，乘着长风飞向崭新的地方。有一天，这些孩子也会在某个地方制作它们的蓑衣吧。

不过，我想——

我的人生也差不多如此，我也会在一座小小的城市里度过将近全部的时光，几乎不出小小的岛国。虽说偶尔出国旅行，也并不代表对世界有什么了解。与特定的人见面，往返于家和职场之间，就这样度过每一天。我的人生，也和那雌性蓑虫没什么区别，不是吗？

小小的巢穴中也有幸福。

雌性蓑虫在巢中出生，一辈子的大半时间都在巢穴中度过，在巢穴中终老一生。就这样不也很好吗？

到了春天，巢穴中由虫卵孵化的幼虫就爬到蓑衣外，垂下丝线，乘风而去。然后，在新的大地上编织起小小的蓑衣，将余生关在里面。

即便如此，那雌性蓑虫也是幸福的，不是吗？

我是这样想的。

猎物落入蛛网前
只要等啊等

/ 棒络新妇 /

接下来这个故事的主人公是一只雌性的棒络新妇[①]。

这只棒络新妇在公园树荫下的一角结了网。

它的母亲——一只雌蛛在秋季时节产下卵后死去了。这就是棒络新妇的宿命。春天来临，从虫卵中孵化出的小蜘蛛们，爬上树梢，屁股后面拖出长长的蛛丝，那丝线乘着风，向广阔的天空飞去。就像蒲公英的种子似的，绒毛会飞去崭新的天地，蜘蛛的孩子们也是这般，在长空中飘荡。

关于这段旅途的详情，我们无法从蜘蛛口中听到，

① 棒络新妇，属蛛形纲蜘蛛目园蛛科，在山区林间、灌丛间结网，果园以及庭院也常见到。卵袋附于叶的表面和枝干，毒性很小。——编者注

它是不能言语的。据说蜘蛛的移动距离一般为一百米左右，不过，也有观察显示，蜘蛛的孩子会被吹到数千米的高空中去，那说不定是一场电影一样的大冒险。

就这样，这只雌性棒络新妇来到这里生活，结网以捕获猎物。

其实，我们对蜘蛛有许多冒犯的地方。

张开大网捕食其他昆虫的蜘蛛，总是被人类当作反派。

在一些将昆虫拟人化，或者讲述人类变小后迷失在昆虫世界的故事中，蜘蛛总是作为凶恶的怪兽出现。故事里的人齐心协力，为救出被蛛网困住的昆虫或同伴而努力。然后，在即将被蜘蛛吃掉，千钧一发的时刻扯破蛛网逃出生天。接下来就是皆大欢喜的大结局。

但是，仔细想想这其实是一个对蜘蛛极其不友好的故事。

骚乱过后独留蜘蛛竹篮打水一场空。不仅辛苦等来的猎物跑了，连重要的巢穴也被破坏掉了。

蜘蛛静静地守株待兔，等待着猎物落入网中。

有时等上整整一天，也不见有猎物落网。

数日中能有一次遇上猎物撞进来，就可以说是幸运了吧。等候时间较长的日子里，有时甚至一个多月什么吃的也没有，也只能一直等下去。

为此，蜘蛛变得开始适应断粮的生活，为了节约体能，会一动不动地安静等待。

故事的主人公——棒络新妇是孤独的。

猎物总也不来。今天什么都没有发生，明天也什么都没有发生。它却这样一天一天地等待着猎物。

它是孤独的。

其实，这只是我们自己一厢情愿的想象，事实上它并不孤独。

在蛛网中央，全都是雌性棒络新妇。

观察棒络新妇的巢穴，会发现雌蛛身边有几只小小的蜘蛛。其实那些小蜘蛛就是雄性棒络新妇。在棒络新妇中，成年雌蛛的身长在两到三厘米之间，与此相对，成年雄蛛的身长只有一厘米左右。这些小小的雄性棒络新妇从幼年起便各自结成小小的蛛网生活。到了夏天，就聚集在成年雌蛛的巢穴边，在那里一声不吭地吃闲饭。

雄性棒络新妇会比雌蛛较早地成年并具备生殖能力。它们潜伏雌蛛的巢穴中，等待雌蛛成年并具有生殖能力后，便会立刻进行交尾。

等到秋天过去，雌性棒络新妇产下了虫卵，孩子们又将会向着广阔的天空，开始一段旅程。这就是蜘蛛的生活史。

可是这么说着，猎物还是不上钩。

棒络新妇等啊等啊。

它没有心急如焚，也没有坐立不安。

它一直静静地等待着。

今天也依旧什么都没有发生。但是，身为蜘蛛，如果因为这种事情就泄气了，是很难活下去的。它们能做的，只有一直等待。

来日何其多，它一直在等。

有时会有小小的虫子挂在网上，正好能充当小个子雄蛛的食物，雄蛛便可以饱餐一顿。可是雌性棒络新妇有着硕大的体形，这样微小的虫子是不能充当食物的。

已经等了多少天了呢？

有一天，一个风平浪静的午后……

一只疾飞的蜻蜓挂在了它的网上。

它通过蛛丝的振动感知到了猎物的靠近，一眨眼的工夫便飞身上前，成功袭击猎物，用吐出的蛛丝，将蜻蜓一圈一圈缠住，让它动弹不得。

雌性棒络新妇展现出了令人震惊的瞬间爆发力，它可没有因为等的时间太长而倦怠。

真是说时迟那时快。对于那只好端端地飞行着的蜻蜓，可以说往前一步就是深渊了吧。

而对于棒络新妇，那是久违的美餐，也是那只可怜的蜻蜓的死期。

死往往是一瞬间的事，死亡，是某一天不经意的突然造访。

这对于棒络新妇而言，也是一样。

蜘蛛的存在让昆虫畏惧，可它们在鸟类眼中，不过是食物。也有很多棒络新妇，遭到麻雀或乌鸦的袭击，连逃跑的机会都没有，瞬间便成了腹中美餐。

不论是捕食者还是被捕食者，都要竭尽全力地生存。这就是自然界。

当雌性棒络新妇吞食落网的蜻蜓时，雄蛛急忙向它靠拢过来。对于雌蛛而言，所有能活动的都是猎物。为交尾而赶来的雄蛛对它来说，也只不过是猎物。因此，雄蛛要在雌蛛的注意力集中在猎物身上时完成交尾。

渐入深秋。

就在许多的棒络新妇遭遇鸟类的袭击而殒命时，这一只雌蛛幸运地活了下来。或许是为了防止其他的雄蛛横刀夺爱，成为它的伴侣的雄蛛也继续留在了巢穴里。

这就是生命的力量吧。孕育着生命的它，那身上的条状纹样发光一般熠熠夺目。从秋天的落幕到冬天的伊始，雌蛛会在这段时间里从巢穴搬到树干产卵，然后用枯叶藏好虫卵。雌蛛因为产卵耗光了力气，可是至死也要拼命保护好虫卵呢！总之，以拥抱虫卵的姿态死去的棒络新妇不在少数。

但是，棒络新妇产卵后的行为是不一样的。有的不曾返回巢穴就那样失去了踪迹，也有的返回巢穴，将那里作为最后的栖身处。

不论是哪一种，畏寒的棒络新妇都无法越过一个冬天。

对于产完卵的棒络新妇而言，那剩下的时日便是慢慢回味、咀嚼自己一生的残余岁月吧。

它回到了巢穴，气温降低，冬日迫近。

天气预报在预告着周末寒潮的降临。

草食动物和肉食动物最后都变成美餐

/ 斑马与狮子 /

人们一定会感到惊讶，斑马的孩子在出生几小时后就能站起来，不一会儿就能来回跳动、奔跑。

而人类的孩子从出生到站起来摇摇晃晃地走路，大约需要一年的时间。这么一比，斑马的发育速度令人惊讶。

斑马能如此迅速地站立、奔跑，是因为它们如果不这么做就无法生存。

肉食动物如狮子，不会因为它们是刚出生的小斑马就手下留情。相反，狮子一定会去袭击刚出生的小斑马，把它们当作可口的猎物。

大多数小斑马在成年前都会成为肉食动物的盘中餐，只有那些成功逃跑的幸运儿才能存活。

当然，成年并不意味着可以放松警惕。

稍有不慎，哪怕是一瞬间的大意都会丧命。而且，那些跑得不够快的斑马，同样也会被吃掉。

只有足够警觉、跑得足够快的斑马才能够活下去。

斑马就是这样生存和进化的。

人们经常会讨论，未来人类将会怎么进化。也许头脑会更发达，变成大头人，四肢则会由于不运动而变细。

但是，这样的进化本身就是不可能的。

适者生存是进化的动力。如果在一个大头人才能生存，而小头人会灭绝的残酷时代，也许人类的头部会变得巨大，但是人类的世界并非如此。只有发生残酷的生存竞争时，才会引发进化。

斑马的世界里没有“衰老”这个概念。

斑马擅长奔跑，不会轻易被狮子逮到，但是随着年龄的增加，只要奔跑能力稍有下降或者身体稍有不适，就会成为狮子口中的美食，它们活不到变老的那一天。

狮子有时会给已经倒下的斑马致命一击，也有时会直接吃掉一息尚存的斑马。被狮子袭击的斑马会努力挪动自己的身体，然而，狮子会从柔软的内脏开始吃。

即使是没有遭到狮子袭击的幸运儿，当它们生病或者因受伤十分虚弱之时，秃鹫就会聚集在它们身边。那些等不及斑马丧命的秃鹫会直接啄食斑马。要是所有的秃鹫一齐上阵，斑马巨大的身体便会在顷刻之间化为白骨。

无论如何，斑马的一生都是以被吃掉而收尾。

据说，在动物园中生活的斑马，寿命为三十年左右，而我们并不知道野生斑马的寿命。

享尽天年——在斑马的世界里，这种幸福的死法是不存在的。

狮子被称为百兽之王。

它们每天都在不停地袭击斑马。

可悲的是，就算它们是百兽之王，在抓住斑马获得满足之后，它们终究还是会再次感到饥饿。

负责捕猎斑马的是雌狮。强壮的雄狮负责保护狮群和确保捕猎的势力范围。雌狮就在雄狮的保护下参与对斑马等动物的围猎。

但斑马也不会坐以待毙。对于狮子而言，追上拼尽全力奔跑的斑马群并不是件简单的事情。其实，大多数时候捕猎是以失败告终的。

为了保护自己，草食动物也发生了进化。对于狮子而言，刚出生的大象和犀牛容易捕食，但它们无法与成年象或是成年犀牛抗衡。如果被成年象或成年犀牛发现的话，狮子可能会遭到反击而丧命。

野牛或角马等牛科草食动物的角比较发达，它们以此威吓狮子。狮子想吃它们的幼崽，有时会被护子心切的野牛撞开，甚至会被野牛角顶伤从而丢了性命。

草食动物的难处在于它们总被狮子惦记着；而肉食动物也有难处，那就是它们如果不吃其他动物的话就会饿死。对于狮子而言，捕猎同样是殊死一搏。

如果捕猎一再失败，没有猎物的狮子会被饥饿所威胁。最先牺牲的就是小狮子。

斑马等草食动物每次怀孕会产下一只小斑马，但是狮子每次怀孕可以生下两三头小狮子。一次生产的孩子数量多，狮子后代的生存率也许更低。

有的雌狮会被拼命自卫的斑马用后腿踹伤。受了伤或者是得了病的狮子便无法捕猎，渐渐变得虚弱。它们一边忍受伤痛、疾病、饥饿，一边等待着死亡的来临。

雄狮也是如此。

身强力壮的雄狮会成为狮王统领狮群，而那些缺乏力量的雄狮则会被逐出狮群。这就是狮子世界的生存法则。

狮群之王也并非一劳永逸。一旦它们上了年纪出现衰老的迹象，就会被年轻的雄狮取而代之，并被驱逐出狮群。可悲的是，继承了狮王血脉的孩子会被新的狮王杀掉。要想保证狮王的血脉，并不容易。

被驱逐出狮群的狮王会怎么样呢？

从雌狮集体出动捕猎斑马这一点就可以看出，捕猎到底有多困难。

即便是被称为百兽之王的强壮有力的雄狮，孤军奋战也是很难捕到猎物的。它能做的只有寻找鬣狗吃剩的动物残骸。被逐出狮群的雄狮连一顿饱饭也吃不到，最后会饿得连走路的力气都没有。

自然界是个弱肉强食的世界，等待着动物们的命运无非两种：吃或者被吃。

没有了力量，狮子便成了其他动物的食物。

鬣狗、胡狼和秃鹫一直等着狮子弹尽粮绝、筋疲力尽的那一刻。

虽然狮子在动物园里可以活三十年左右，但据说它们在野生状态下活不过十年。

即便狮子是草原上的百兽之王，也没有什么舒适的死法。失去王者力量之时，便是它们死期的到来之日。

于是，狮子也被吃掉，最终走向死亡。这就是自然界的法则。

被端上餐桌前的四五十天

/ 肉鸡 /

平安夜，全世界都洋溢着圣诞节的气氛。

为幸福的餐桌增添一抹色彩亮丽的佳肴的，正是那烤箱中被烤得金灿灿油亮亮的烤鸡。

但对于饲养鸡而言，那可是不折不扣的灾难日。因为这个夜晚，不知道究竟有多少饲养鸡丢了性命，在烤箱中被火葬。

饲养鸡是我们平时在生活中最容易获得的食材之一。

普通鸡肉的价格十分便宜。这个低廉的价格，也就是饲养鸡生命的价值。

目前全世界大约有二百亿只人工饲养的家鸡。由于全世界有大约七十五亿人口，这么算下来饲养鸡的数量大概是人类的2.5倍之多。

市面上卖的鸡肉大多数都贴有“雏鸡”这一标签。之所以叫雏鸡，是因为这种饲养鸡的鸡龄仅一个月多一点。这种专供人类食用而改良的饲养鸡——肉鸡，生下来四五十天后就出笼被送往市场。这就是市面上大家看到的雏鸡。

人类讲究效率和效益。对于人类而言，肉鸡无疑是有着高收益高效率的方便食材。

肉鸡的一生实在是太过短暂。

肉鸡的幼雏在孵化后没过几天便会被送进鸡舍。刚刚降临到世界的它们，便要住进一种没有窗户的鸡舍——密闭式鸡舍中。

在这个没有窗户的鸡舍里，由于外面的光线无法投射进房内，鸡舍里面一片漆黑。像这样将光线控制在昏暗的状态，使得肉鸡慢慢减少活动，更有利于它们高效率地发育生长。

在昏暗的鸡舍中，只有饲料盒周围有着微弱的灯光。

从外面进到鸡舍时，最开始由于眼睛不适应黑暗环境，再怎么努力环顾四周，也什么都看不见。等到眼睛慢慢适应后，你会看见在微弱的灯光中模模糊糊有个白色的身影逐渐浮现出来。

那白白的影子，不是别的，正是肉鸡。然后，你会发现鸡舍被肉鸡填得满满当当。而肉鸡们都一动不动，久久地伫立在黑暗之中。

鸡舍中的肉鸡密度，基本上是一平方米的空间里饲养十七只左右的肉鸡，算下来仅仅一个鸡舍里就住有好几万只肉鸡。数量与地方城市和乡村的人口不相上下的肉鸡，全都挤在这小小的鸡舍里。

肉鸡们一动也不动，也不吵闹。

在这个鸡舍中，它们能做的就是不断地吃高营养的饲料，一点点地变肥。

就这样它们过了一天又一天，突然在某天的早上……

鸡舍的门打开了。

出货的那一天到了。

肉鸡一只接着一只被抓了出来，紧接着又一只接着一只被塞进狭小的笼子里。

有的肉鸡自生下来第一次用力挥动翅膀，有的肉鸡自生下来第一次用尽力气嘶鸣。

而后，肉鸡……自生下来第一次，在这一刻见到了耀眼夺目的阳光。

而以上这些，不过是自肉鸡出生算起的四五十天内发生的事。

作为家禽的肉鸡来源于生活在东南亚森林地带的原鸡。人类将原本在森林中可以自在穿梭飞翔在树木间的禽鸟进行了品种改良，培育出了现在无法振翅飞翔的肉鸡。

一般认为原鸡的寿命在一年到两年不等。

而生下来四五十天后便被吃掉的肉鸡真正的寿命是多少，谁也无从得知。但我们可以推测改良后的肉鸡寿命或许有五年到十年。

然而，对于肉鸡来说，谈论寿命多少实在是一个毫无意义的话题。毕竟它们是只被允许活四五十天的禽鸟。

为了确保能够高效发育，肉鸡不断被进行改良。据说使得肉鸡增重一公斤所需饲料的量仅仅只要两公斤多一点，这实在令人震惊不已。它们生存所需消耗的能量仅仅只有一公斤。它们吃掉饲料的一半不会被其所消耗，而是转化为肉。

随着科技的发展进步，出货所需的天数不断被缩短。而肉鸡被允许存活在世上的日子，也不断被削减。

据说这些活着被塞进拥挤笼子里的肉鸡中，有许多在运送的途中就在鸡笼里被活生生地压死。而那些好不容易扛过痛苦活下来的肉鸡的结局也绝非光明。等待它们的终点站，是肉鸡处理厂。

从笼子里被放出来的肉鸡们原本以为可以好好地喘一口气，却在下一秒就被挂在传送带上，一只接一只按顺序被送进机器里。现如今肉鸡处理厂都是全自动化的工厂，人类什么都不用做，一坨坨圆圆的鸡肉便会从机器的另一边井然有序地排着队出来。在这个工厂里，肉鸡们一只接一只被夺去性命。

被活生生切下脑袋死去。

那便是它们的死亡方式。

因为觉得被活生生砍下头的做法非常残忍，最近人们开始推行另一种做法——倒吊起肉鸡后，将它们的头部浸入通电的水槽中，让肉鸡失去意识后再切下它们的脑袋。

被吃掉的动物在直到死去的那一刻之前，都拥有好好活着的权利。这样的观点开始逐渐被人们认同。

我们人类要想活下去离不开食物。

在神圣的夜晚，幸福的餐桌上摆着烤鸡。

而在那幸福氛围的背后，今天，也有许多肉鸡被夺去生命。

被关在实验室的一生

/ 老鼠 /

在古时候，有人对“人死后会投胎转世为动物”这一说法深信不疑。

而法国的哲学家笛卡儿却认为，人类不该被那样的陈旧观念所束缚，对此他提出了“动物机器论”，并主张道：就拥有心灵的人类而言，动物不过只是个没有心灵的机器，而拥有心灵的人类可以像使用机器一样随意摆弄动物。就像是拆分机器的零件一样，在没有麻醉的情况下，笛卡儿把一只狗解剖了。

不仅如此，哲学家康德也同样主张道：动物没有自我意识，仅仅只为人类而存活。

古时在《圣经 · 旧约》中便记载人类的使命——

“去统领世间万物吧”。加上某些哲学家看似颇有道理的说法，使得人们逐渐开始随心所欲地利用动物。此后，医学技术和科学技术得到了飞速发展。

它们从未见过太阳。

它们生于实验室，死于实验室。

它们就是实验室的“小白鼠”。

闻名世界的卡通形象米奇老鼠让人们知道了英语里老鼠叫作“mouse”。只是，在日语里，“mouse”是专指那些为进行实验而饲养的老鼠。

实验用鼠一般都是小家鼠。

小家鼠在日语里被叫作“二十日鼠”。关于“二十日”这一命名源起何处并未有一个明确的说法，一说是源于这种老鼠从怀胎到生育需要二十天。小家鼠的孕期可以说是极短的。小家鼠在一年内可以重复怀孕五到十次，一次可以诞下五六只小鼠。而诞下的小鼠在几个月内便会长为成鼠，紧接着怀孕生子。像这样源源不断繁殖下去，鼠群规模从而也就越发壮大。用“泛滥成灾”一词来形容也不为过。

据说小家鼠在人工饲养下一般可以活两年左右，而野生的最多活不过几个月。毕竟在自然界中老鼠的天敌数不胜数。蛇、猫头鹰和鼬科动物等都将老鼠作为食物。因此，为了存活，它们才会进化出怎么被捕食也捕食不完的超强繁殖能力。

像这种可以不断繁殖，又能在极短时间内长大再死去的特质，使得小家鼠成为实验用动物的不二选择。

被人类用于各种实验，便是它们的工作。

有的被用于药物实验，有的被用于电机实验，而有的体内则被植入电极。

有的会被人塞进难以活动的实验箱，有时还会被五花大绑到不得动弹，有的甚至还会被活体解剖。

在测试试剂安全性的实验中，通常用的试剂都是无法确保安全性的。由于副作用，有些小鼠的身体会四处肿起，有些则因中毒而全身毛发脱落，痛苦不堪。

而在测试试剂危险性的实验中，不得不弄清试剂致死量的精准数值。对小鼠下药后，如果发现没死，那就加大用量，如果还是没死，那就继续加量。最终小鼠痛苦死去的整个过程会被记录在报告中。

它们是实验用动物。

死亡，便是它们的工作。

实验用动物不是人类的宠物。

在和实验用动物打交道时，所有情感都会变成绊脚石。

一旦心里有“它好可怜”这种想法，便无法完成实验。

在面对实验用动物时，人类必须做到不能带有一丝一毫的感情。

就如同笛卡儿和康德所说，或许动物不具备心灵，没有任何感情。

但鉴于人类作为哺乳类动物的一员进化至今，我们也可以猜想大脑创造出的心灵和感情并不是专属于人类，其他哺乳类动物在进化中也具备类似心灵和情感这样的特质。

还有，如果说动物的思考和行为都是源于本能的话，我们人类所具有的各种情感，或许也不过只是本能的一种。

事实究竟如何，谁也不知道。

对于我们人类而言，生命充满了未知的谜团。

要解开生命的谜团，就必须有生命的牺牲。

实验用动物的牺牲，使得人类向着生命之谜又迈进了一步。而正是多亏了它们，人类才得以开发出新药，从而不断地延长寿命。

离不开人类的狼族后裔

/ 狗 /

狗原本是由野生狼驯养而来的。

可是，狼是凶猛的肉食动物，它们是怎样从猛兽变成了人类的伙伴呢？

狼通常成群结队采取集体行动，头狼或地位较高的强壮的狼为保护狼群或家人，会具有极强的攻击性。而狼群中地位较低的狼，则会对领袖表现出温和顺从。那些温和的狼，也就是现在我们所养的狗的祖先。

一般认为，狗走进人类日常生活的时间，要远远早于人类饲养山羊、绵羊等草食动物，开始畜牧生活的时间。畜牧起源于一万年前，而我们推测，早在约一万五千年前的旧石器时代，狗便已经开始与人类共同生活了。

话虽如此，“狗起源于人类对狼的驯化”这一说法中仍包含着重重疑点。原本对于人类而言，狼这种食肉的野兽应当是令人胆寒的外部威胁。那么，人类究竟是为何想要驯服如此可怕的食肉野兽呢？

而且，养狗的话，就需要将有限的食物分拨给狗。在狩猎采集的时代，人类与狼处于围绕猎物展开竞争的关系。如果饲养可以充作食材的动物，则很容易理解。然而我们还未找到人类需要养狗的原因。

还有一个疑问——就算没有狗，人类也可以狩猎，人类没有离不开狗的理由。

最近的研究认为，不是人类需要狗，而是狗出于对人类的需要主动接近了人类。狗的祖先被认为是一部分温驯的狼，它们在狼族中地位较低，既缺乏足够的食物，又没有单独捕猎的能力。于是，如今的狗——曾经有求于人类的狼族后裔——主动接近了人类，开始在人类的残羹剩饭中寻找食物。

而对于人类而言，狗可以帮忙在狩猎时追捕猎物，也可以站岗警戒外敌入侵，在很多方面都有助于提高狩猎的效率。就这样，人类和狗结成伙伴关系，开始生活在一起。

然后，过了一万多年。

现在，进入了“宠物热”的时代。

狗不再追捕猎物，也很少作为看家狗而吠吼。大多数狗的主要任务是，当一只爱宠，被人类捧在手心里。

宠物商店里有可爱的小狗在出售，价格也比较容易接受，仿佛是挑选玩具般，每天都有许多的狗被买走。

人们对宠物狗的要求是“可爱”。

小狗如果没有在出生后不久的幼年期内找到买家，就会被剩下。等待“剩狗”们的命运，是扑杀处理。

而幸运地被买走的狗，也会随着年龄的增长，失去刚买回家时那种小狗身上的可爱劲儿。于是其中也有一些狗，像玩具一样被玩腻了，不再被需要。

这类狗会被送到“动物保护中心”。虽然此处使用了“送到”和“保护”这两个词，可并不是所有的狗都能因此而获得保护。毕竟每天都有许多狗被主人丢弃后送来，对所有的狗进行保护是不现实的。

于是，动物保护中心会用二氧化碳气体对狗实施安乐死。说是“安乐死”，其实就是将它们赶入狭小的房间，剥夺氧气令其窒息而死。

仅在日本，每年就有共计五万只猫、狗被采取扑杀处理。

选择了人类作为伙伴的狗，早已经是离开人类便无法生存下去的状态。而现如今，它们只能面临这样的结局。

每个生命都重要 · 日本狼

曾被崇奉为神的野兽之死

/ 日本狼 /

在位于英国伦敦的自然博物馆中，保存着由一匹日本狼的毛皮和骸骨制成的标本。

这匹日本狼是明治三十八年（1905）在奈良县的山中被捕获的。

美国动物学家马尔科姆·安德森（Malcolm Playfair Anderson）作为英国调查队的一员访问日本时，曾来到奈良县的东吉野村，在那里，他从猎户手中获得了这匹年轻的公狼的尸体，并将它带回英国。

这匹日本狼是落入猎户的陷阱后被打死的。

这是最后一匹有记载的日本狼。

马尔科姆·安德森花费了八元五角钱，从猎户手中买下了它的尸体。这匹日本狼原本就已经死去数日，肉都腐烂了。因此，只有毛皮和骨头被送往英国。这就是现如今保存在伦敦自然博物馆中的标本。

据说从江户时代到明治初期，日本狼曾生活在除北海道之外的日本境内。而北海道则有着区别于日本狼的亚种——蝦夷狼。

有关蝦夷狼的最后记载，比日本狼更早，在明治二十九年（1896）。这条最后的记录显示，在这一年，函馆的皮草商人曾贩卖过蝦夷狼的毛皮。

如今不论是日本狼还是蝦夷狼，都已经灭绝。已灭绝的生物，不会再次出现，它们永远地消失了。

正如日语中的“狼”来源于“大神”一词，曾经狼也被当作神明受到人们的崇拜。

过去在日本，狼很少袭击人类，人们并不把它们看作可怕的野兽，反而认为狼可以吓退破坏庄稼的鹿和野猪，是对人类大有帮助的动物。

事实上，在日本山中还有供奉着狼的神社。在往昔，狼的的确确就是神明。

然而，狼的这种地位在进入明治时代后彻底改变。

在畜牧业发达的西方国家，狼因为攻击羊群而被当作有害的野兽，就像《小红帽》《狼和七只小羊》等童话里描写的那样。

狼是恶兽，这一认知在文明开化、思想启蒙的过程中，同西方文明一起，被带到了日本。实际上日本开始发展畜牧业后，或许也曾发生过狼群袭击家畜的事件。

当然，仅仅是这样，还不足以让人们将奉为神明的狼视作恶兽。

到了明治时代，狼开始去攻击人类，造成了严重的危害。这是为什么呢？

原来，江户中期，在与西方国家进行物质文化交流的过程中，狂犬病被传到了长崎。进入明治时代后，狂犬病开始广泛流行，也扩散到了野生狼之间。

染上狂犬病的狗会变得凶猛残暴，咬伤人类，这一点在狼身上也是同样。人一旦被携带狂犬病的狼咬伤，便会感染狂犬病，回天乏术，最终死去。毕竟，狂犬病这种急病即便在医疗水平发达的现代社会，被咬伤后如果没有在发病前接种疫苗，致死率也接近百分之百。被狼咬伤的人不断地死去，面对这样的现实，当时的人们一定曾在恐惧中瑟瑟发抖吧。

就这样，人们开始憎恶狼，并在全国范围内捕杀狼。

虽说如此，狼的数量减少也过于急剧，以至于走向了灭亡。明治二十年在国内各地尚有人看到狼的出没，明治三十年到四十年间，狼的身影几乎完全消失了。

实际上，还有一样东西也被从西方国家带来了日本。那就是一种叫作犬瘟热的传染病。日本狼对这种海外传来的新型疾病不具备免疫能力，因此，也有人怀疑，是不是传染病的扩散导致日本狼逐渐绝迹。

诚然，文字记载中最后的一匹日本狼，不是真正的最后一匹。

那是一匹掉入陷阱而被捕杀的年轻的狼。狼通常是成群行动，所以那匹狼或许还有其他的同伴。它的同伴后来都怎么样了呢？

在群体数量不断减少的大环境下，狼族一定是拼尽全力想要活下去的吧。但是，它们没能找到一条路，从而逃出生天。

后来，就连最后一匹也倒下了。日本狼的身影从这个世界上消失了。

那真正的最后一匹狼，是在什么地方，怎样死去的呢？我们无从知晓。曾经在这个国家被奉为神明的日本狼，就这样不为人知地，彻底泯灭了行迹。

会悼亡的动物？

/ 大象 /

有一个关于“象冢”的传说。

据传，大象在预感到自己的死期后，会主动离开象群，出发去一个叫作“象冢”的地方。那里散乱地堆放着许多大象的骨头与牙齿，大象就在这象冢中躺下，安静地迎接死亡。

传言告诉我们，大象就是这样，绝不让其他同伴目睹自己走向生命的尽头。

但其实这并不是真的。

大象是陆地上最大的动物。在大象一族中体形偏大的非洲象，其体长可超过七米，体重超过六吨。即使拥有这样庞大的身躯，也从来没有人在热带稀树草原上看到过象的尸体，因此才有了这样的传说。而且，据说是意在猎取象牙的偷猎者为了大批兜售象牙，而巧妙地利用了这一传说。

大象的尸体没有被人类发现，是有原因的。

大象的寿命约为七十年，这在动物中算相当长寿了。因此，大象的死亡本身就很罕见。

而且，在热带稀树草原干燥的大地上，有那么多的生物饿着肚子。如果有了大象的尸体，首先，鬣狗会咬破那粗厚的皮，啃食其中的肉。接下来，秃鹰会在肉洞中聚集，贪婪地吞吃。就这样，大象庞大的身体眼看着只剩下了骨架。最后连骨头也被风化，全部归还给大地。因此，人类才没有见过大象的尸体。

不过，现在的研究水平已大幅提升，我们已经能够观察到大象的尸体。

象冢只是一个传说。

随着对大象研究的深入，人们发现大象或许能够认知死亡。据说有人看到过大象为死去的同伴哀悼的样子。

比如，有些大象试图扶起已死的同伴的尸体，并将食物递给它们。还有的大象会把泥土和树叶撒在尸体上，仿佛是在悼念同伴。

大象是真的能够认知死亡吗？

都说大象是头脑聪明，有着强大共情能力的动物。

我们知道，大象由母象和小象构成一个个群体，群体中相互之间存在着复杂的交流，从而相互帮助，共同生活。如果有同伴受伤或遇到麻烦，大象会伸出援手，鼎力相助，会相互安慰，发生争执后也会言归于好。

这看上去简直与人类毫无区别，说大象是聪明的动物，从这一点来看确实如此。

那么大象是否拥有认知能力呢？是否能够共情呢？

我们并不知道。

是不是动物之中，只有人类才拥有特殊的感情呢？

还是说，只不过是我们人类一厢情愿地用拟人的眼光去看待大象，这才认为它们是有感情的呢？

大象又是如何看待“死亡”的呢？

大象真的理解了“死亡”吗？

这可能只是人类一厢情愿地定义它们“看上去很悲伤”。

或许，它们只是在照顾无法行动的同伴，并且对一动不动的同伴感到费解。

又或许，那只是出于一种没有任何意义的本能。

但是……

我想说的是，那么我们人类理解了“死亡”吗？

一个人死去之后，会变成什么样呢？

谁也不知道。“死亡”对于我们人类而言，尚是一件无法理解的事情。

都说大象是会悼亡的动物。

说不定，大象对于死亡这件事，比我们人类知道的还要多，对于活着的意义，也比我们更清楚，从而比我们更加深刻地悼念死亡。

站在大象的视角观察，人类也是会悼亡的动物。

但是，在“死亡”面前，就连人类也是无能为力的。

我们自负为万物之灵长，生活在科技万能的时代，可是面对死亡时，依然无能为力。当心爱的人停止了呼吸，永远不能再行动，面对这样的残酷现实，我们人类所能做的，也只是，只是悲痛。